全国高等院校计算机基础教育研究会

"计算机系统能力培养教学研究与改革课题"立项项目

大学计算机应用基础实验上机指导

主　编◎梅　毅　熊　婷

副主编◎邹　璇　吴赟婷　汪　伟

主　审◎张　炘

北京邮电大学出版社
www.buptpress.com

内 容 简 介

本实验上机指导是配合"大学计算机应用基础教程"编写的,使学生能在学完"大学计算机应用基础教程"这门课程后,能独立和比较熟练地进行上机,解决后续课程和今后工作中遇到的计算机基本操作问题。实验指导中要求学生掌握大量的操作题和笔试选择题与判断题,这些题目的难度都是根据目前国家计算机等级考试一级、省高校非计算机专业计算机基础考试要求设计的。

本书共提供 32 个上机实验,除实验上机 30～32 需要 2 学时外,每个上机题完成时间约为 1 学时左右,对于理论与上机时间分开教学的老师,可把上机实验与理论教学有机组合,对于操作题和笔试选择题与判断题可作为课后作业或复习题。

学会该教材的内容,可使学生轻松应对本教学内容范围内的各种计算机等级考试。本实验指导可作为需要学习计算机基础知识人员参加国家计算机一级等级考试、省高校非计算机专业计算机基础一级等级考试用书,也可作为其他非计算机专业公共课和等级考试培训班的实验教材,还可满足办公自动化人员的自学需求用书。

图书在版编目(CIP)数据

大学计算机应用基础实验上机指导 / 梅毅,熊婷主编 . -- 北京 : 北京邮电大学出版社,2015.12
(2019.8 重印)

ISBN 978-7-5635-4577-3

Ⅰ. ①大… Ⅱ. ①梅… ②熊… Ⅲ. ①电子计算机-高等学校-教学参考资料 Ⅳ. ①TP3

中国版本图书馆 CIP 数据核字（2015）第 269113 号

书　　名：大学计算机应用基础实验上机指导
主　　编：梅 毅 熊 婷
责任编辑：王丹丹
出版发行：北京邮电大学出版社
社　　址：北京市海淀区西土城路 10 号（邮编：100876）
发 行 部：电话：010-62282185 传真：010-62283578
E-mail：publish@bupt.edu.cn
经　　销：各地新华书店
印　　刷：北京玺诚印务有限公司
开　　本：787 mm×1 092 mm　1/16
印　　张：11.75
字　　数：292 千字
版　　次：2015 年 12 月第 1 版　2019 年 8 月第 6 次印刷

ISBN 978-7-5635-4577-3　　　　　　　　　　　　　　　　　定　价：30.00 元

前　　言

　　大学计算机应用基础是一门实验性很强的学科，能熟练使用计算机已经是人们最基本的技能之一。计算机应用能力的培养和提高，要靠大量的上机实验与实践来实现。本实验指导是"大学计算机应用基础教程"的配套教材，编写这本书的目的是加强基本知识的训练，一方面使学生学会本实验指导中的内容后，能独立和熟练地进行上机操作，解决后续课程和今后工作中遇到的计算机基本操作问题。另一方面是为学员参加全国、省市各种计算机考试，如高校非计算机专业的计算机基础考试、全国计算机等级考试一级考试、各种单位技术人员提升职称或职务的计算机考试等服务。

　　本书共提供 32 个实验，除综合实验 30～32 上机需要 2 学时外，每个实验上机指导题完成时间约为 1 学时左右，采用理论教学与上机分开教学。在教学过程中，教师可把上机题与理论教学有机组合，操作题和笔试选择题与判断题可作为课后作业或复习题。实验教学安排在机房教学，理论课时平均不要超过半学时（2 学时课），其余时间均由学生上机，老师积极辅导。按教材内容来分，第 1 章计算机应用基础知识提供 3 个实验上机指导；第 2 章 Windows 7 操作系统提供 4 个实验上机指导；第 3 章 Word 2010 文字处理软件提供 5 个实验上机指导；第 4 章 Excel 2010 电子表格处理软件提供 4 个实验上机指导；第 5 章 PowerPoint 2010 演示文稿软件提供 4 个实验上机指导；第 6 章计算机网络基础与 Internet 应用提供 3 个实验上机指导；第 7 章多媒体技术提供 3 个实验上机指导；第 8 章信息安全与病毒防范提供 3 个实验上机指导；另外针对办公应用软件 Word 2010、Excel 2010 和 PowerPoint 2010 三大软件各提供了一个综合实验，其难度稍大，教师可以根据实际教学安排选择使用。

　　本教材由南昌大学科技学院计算机系组织，梅毅副教授和熊婷副教授任主编，邹璇副教授、吴赟婷副教授和汪伟老师任副主编，梅毅编写了实验 1～3 和实验 27～29，熊婷编写了实验 21～26 和 MS Office 一级试题，吴赟婷编写了实验 4～12，邹璇编写了实验 13～20，汪伟编写了综合实验 30～32。熊婷对该教材进行了全面统稿和审核。张炘、王钟庄、邓伦丹、罗少彬、兰长明、周权来、罗丹、汪伟、赵金萍、刘敏、李昆仑、汪滢、张剑、罗婷等老师对本书编写提出了许多宝贵意见。尽管大家在编写这本教材时花费了大量的时间和精力，但缺点和不当之处在所难免，谨请各位读者批评指正，以便再版时改正。

　　本书在编写过程中，受到南昌大学科学技术学院及各部门领导和北邮出版社大力支持，对此我们全体编写人员，对这些单位的领导和有关同志表示衷心感谢！

编者

2015 年 10 月

目　录

实验 1 计算机硬件的认识

【实验目的】

1. 了解微型计算机的组成及主要部件的功能、型号和性能指标；
2. 了解当前计算机市场的基本情况，如主要的品牌、型号、配置和价格；
3. 能够借助工具软件检查微型计算机的配置；
4. 掌握 Windows 平台上常用软件的安装方法；
5. 掌握一般软件的卸载步骤及运行环境。

【实验环境】

中文版 Windows 7。

【实验案例】

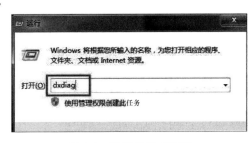

图 1-1 运行对话框界面

案例：查看计算机硬件配置信息。

操作步骤：

方法一

1. 首先打开"开始"→"运行"，在运行对话框中输入 dxdiag 命令，然后回车，如图1-1所示。

2. 然后在打开的 DirectX 诊断工具中就可以查看主机硬件基本信息，分别如图 1-2、图 1-3 所示。

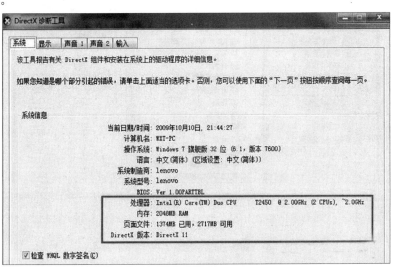

图 1-2 DirectX 功能下查看系统硬件配置界面

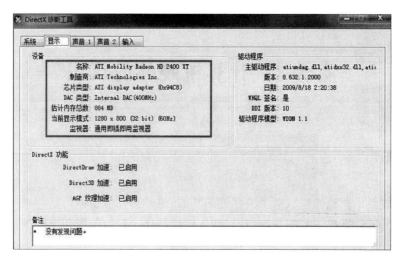

图 1-3　DirectX 功能下查看显卡配置界面

方法二

1. 右击桌面上的"计算机"图标，然后选择"管理"选项，如图 1-4 所示。

2. 然后在打开的计算机管理界面中，点击"设备管理器"即可查看硬件信息，如图 1-5 所示。

【实验内容】

1. 查看实验室计算机的硬件配置情况。

2. 如果你想买一台计算机，预算为 4 000 元，请根据市场行情制定一个配置方案（包括品牌、型号、详细配置及预期价格）。

图 1-4　"我的电脑"管理属性界面

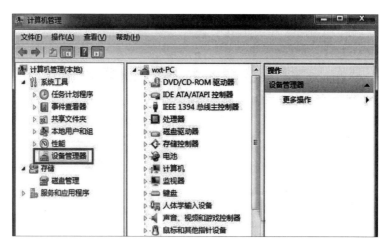

图 1-5　设备管理器界面

实验 2 基本指法和中文输入法的安装与配置

【实验目的】

1. 熟悉键盘和鼠标的使用方法,掌握键盘的基本指法,并能利用应用软件进行指法练习,灵活控制鼠标;

2. 熟悉在 Windows 操作系统下启动中英文输入法的方法;

3. 熟练掌握键盘的操作和中英文的输入,并达到一定程度;

4. 掌握常用汉字输入法及其功能操作键(快捷键)。

【实验环境】

中文版 Windows 7。

【实验案例】

案例 1:掌握正确的键盘操作方法,熟悉键盘各区域,并区分它们功能的不同。

操作步骤:

1. 整个键盘分为五个小区:上面一行是功能键区和状态指示区;下面的五行是主键盘区、编辑键区和辅助键区,如图 2-1 所示。

图 2-1 键盘布局示意图

对打字来说,最主要的是熟悉主键盘区各个键的用处。主键盘区包括 26 个英文字母、10 个阿拉伯数字和一些特殊符号,另外附加一些功能键:

"Backspace"——后退键,删除光标前一个字符;

"Enter"——换行键,将光标移至下一行行首;

"Shift"——字母大小写临时转换键;与数字键同时按下,输入数字上的符号;

"Ctrl""Alt"——控制键,必须与其他键一起使用;

"CapsLock"——锁定键,将英文字母锁定为大写状态;

"Tab"——跳格键,将光标右移到下一个跳格位置;

功能键区 F1~F12 的功能根据具体的操作系统或应用程序而定。

编辑键区中包括插入字符键"Ins",删除当前光标位置的字符键"Del",将光标移至行首的"Home"键和将光标移至行尾的"End"键,向上翻页"Page Up"键和向下翻页"Page Down"键,以及上下左右箭头。

辅助键区(小键盘区)有 9 个数字键,可用于数字的连续输入,用于大量输入数字的情况,如在财会的输入方面。当使用小键盘输入数字时应按下"Num Lock",此时对应的指示灯亮。

2. 打字之前一定要端正坐姿。如果坐姿不正确,不但会影响打字速度,而且还会很容易疲劳、出错。正确的坐姿如图 2-2 所示。

3. 打字的指法。准备打字时,除拇指外其余的八个手指分别放在基准键上,拇指放在空格键上,十指分工,包键到指,分工明确。

图 2-2　正确的打字坐姿示意图

为实现快速的键盘输入,必须掌握正确的指法。掌握了正确的指法就可以在输入时手指分工明确,有条不紊,熟练后更可以默记于心,达到不看键盘也可以输入的效果。主键盘区是日常操作中使用最为频繁的按键区域,也是提高输入速度的关键。主键盘区共分五排,因此将中间一排设定为基准键位区,并将手指初始摆放的位置称为基准键位。主键盘区基准键位如图 2-3 所示。当手指离开基准键位按键输入后,应即时回到基准键位。为帮助盲打时基准键位的定位,在两个食指基准键"F"和"J"上设计了凸起,可通过触觉感知。

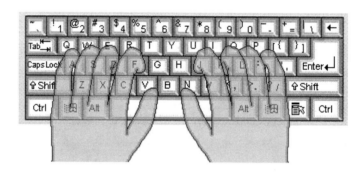

图 2-3　主键盘基准键位定位图

案例 2:常用汉字输入法。

操作步骤:

1. 掌握使用快捷键

(1) 输入法的切换:"Ctrl+Shift"键,通过它可在已装入的输入法之间进行切换。

(2) 打开、关闭输入法:"Ctrl+Space"键,通过它可实现英文输入和中文输入法的切换。

(3) 全角、半角切换:"Shift+Space"键,通过它可进行全角和半角的切换。

2. 掌握常见汉字输入方法

(1) 拼音方法(音码):拼音输入法可分为全拼、简拼、双拼等,它是用汉语拼音作为汉字的输入编码,以输入拼音字母实现汉字的输入。特点:不需要专门的训练,但重码率高。例如,智能 ABC 输入法。

① 全拼输入——按汉字拼音的书写顺序输入全部字母。可以进行单字、双字词和多字词输入。输入词组时有些词组有歧义,为了加以区别可用隔音符号"'"分隔音节。例如,"西安"的全拼 xian 既可做词组也可做字,而输入"xi'an"则只输出词组"西安"。

② 简拼输入——只输入汉语拼音各个音节的第一个字母(zh、ch、sh 也可取前两个字母组成)。为区别不同音节,简拼更需要隔音符。例如,"计算机"的简拼是"jsj"。例如,"中华"的简拼是"z'h"而不是"zh"。

③ 混拼输入——在输入两个音节以上的词中,有的音节用全拼输入,有的音节用简拼输入。例如,输入"工作"二字时,可输入 gongz 或 gzuo 来实现,而打"耽搁"时应输入"dan'g"或"dge",而不能输入"dang",因为与"当"的拼音相同。

(2) 字形方法(形码):字形方法是把一个汉字拆成若干偏旁、部首(字根)或笔画,根据字形拆分部件的顺序输入汉字。特点:重码率低,速度快,但必须重新学习并记忆大量的字根和汉字拆分原则。常见的字形输入方案有五笔字型码、郑码等。

(3) 音形方法(音形码):把拼音方法和字形方法结合起来的一种汉字输入方案。一般以音为主,以形为辅,音形结合,取长补短。特点:兼顾了音码、形码的优点,既降低了重码率,又不需要大量的记忆,具有使用简便、速度快、效率高等优点。常见的音形码方案有自然码等。

(4) 区位码输入法:区位码输入法是按汉字、图形符号的位置排列成一个二维矩阵。以纵向为"区",横向为"位"。因此,区位码由两位"区号"和两位"位号"共四位 0～9 的十进制数字组成。每个汉字都对应唯一确定的区号和位号,因而没有重码。

【实验内容】

1. 启动金山打字通(或其他打字练习软件),选择相应内容及汉字输入法,坚持科学打字练习。保证准确率,逐步提高打字速度。上机练习时,一定要按图示指法进行练习,养成良好习惯;进行指法练习时,要熟记各键的键位,逐步实现盲打;在课程的实验中每次键盘练习时间不低于 30 分钟,在课程结束时,打字速度要求应达到 40 汉字/分钟。

2. 启动 Microsoft Word,输入下列英文,保存文件名为 myDoc. doc。

We all stood there under the awning and just inside the door of the Wal-Mart. We waited, some patiently, others irritated because nature messed up their hurried day. I am always mesmerized by rainfall. I get lost in the sound and sight of the heavens washing away the dirt and dust of the world. Memories of running, splashing so carefree as a child come pouring in as a welcome reprieve from the worries of my day.

3. 在 myDoc. doc 文件中继续输入以下特殊字符。

① 标点符号:。　，　、　：　…　　～　　〖　　【　　《　　『

② 数学符号:≈　　≠　　≤　　≮　　∷　　±　　÷　　∫　　Σ　　Ⅱ

③ 特殊符号:§　　No　☆　　★　　○　　●　　◎　　◇　　◆　　※

④ Webdings:Ⓟ　‖　►|　　　　　　　♪　　　　

⑤ Wingdings:✎　　📖　　✉　　💻　　　　　✔

⑥ 特殊字符：© ® ™ §

4. 汉字输入——启动"记事本"程序，输入以下文章。要求正确地输入标点符号和字符，保存文件名为 myDoc1.txt。

（1）庆历四年春，滕子京谪守巴陵郡。越明年，政通人和，百废俱兴，乃重修岳阳楼，增其旧制，刻唐贤今人诗赋于其上，属予作文以记之。予观夫巴陵胜状，在洞庭一湖。衔远山，吞长江，浩浩汤汤，横无际涯；朝晖夕阴，气象万千：此则岳阳楼之大观也，前人之述备矣。然则北通巫同峡，南极潇湘，迁客骚人，多会于此，览物之情，得无异乎？（岳阳楼记，范仲淹）

（2）早晨起床☺，今天是 2007/3/8，打开💻，阅读电子邮件✉。这时 Mary 打来☎，让我陪她买一台💻。今天的温度是 35℃。我们进入太平洋电脑城，人潮涌动。我们选择了 Intel CPU，160G 硬盘，液晶💻，配无线⌨和光电🖱，并安装了微软的 Windows XP 操作系统⊞，及 Microsoft Office 2003 等软件，还买了一本《电脑爱好者》的杂志。

实验 3　计算机基础知识练习

【实验目的】

掌握本章的基础知识,熟悉利用计算机做练习题的方法,为今后的上机考核做准备。

【实验环境】

1. 中文版 Windows 7;
2. 中文版 Word 2010。

【实验方法】

把老师提供的"计算机基础知识"试题的 Word 文档复制到自己工作计算机上,打开该文档,仔细阅读每道题目,把每题的正确答案填写到该题目中的括号中。做完后保存好自己的文档(最好用自带的 U 盘保存),课堂上最后 10 分钟再与老师的参考答案核对,修改后保存。

【实验内容】

计算机基础知识习题

一、下列习题都是单选题,请选择 A、B、C、D 中的一个字母写到本题的括号中。

1. 断电后使得(　　)中所存储的数据丢失。

A. ROM　　　　　B. 磁盘　　　　　C. 光盘　　　　　D. RAM

2. CPU 不能直接访问的存储器是(　　)。

A. ROM　　　　　B. 内存储器　　　　C. RAM　　　　　D. 外存储器

3. 微型计算机系统包括(　　)。

A. 主机和外设　　　　　　　　　B. 硬件系统和软件系统

C. 主机和各种应用程序　　　　　D. 运算器、控制器和存储器

4. 在选购微型机时,应以(　　)比较好为对象。

A. 显示器　　　　　B. 配置　　　　　C. 磁盘驱动　　　　D. 软件兼容

5. 计算机硬件能直接识别和执行的只有(　　)。

A. 汇编语言　　　　B. 符号语言　　　C. 高级语言　　　　D. 机器语言

6. 计算机病毒是(　　)。

A. 计算机系统自生的　　　　　　B. 可传染疾病给人体的病毒

C. 一种人为特制的计算机程序　　D. 主机发生故障时产生的

7. 计算机的硬件主要包括:中央处理器(CPU)、存储器、输出设备和(　　)。

A. 键盘　　　　　B. 鼠标器　　　　C. 输入设备　　　　D. 显示器

8. 在计算机中表示存储容量时,下列描述中正确的是( )。

A. 1 KB＝1 024 MB B. 1 MB＝1 024 B

C. 1 MB＝1 024 KB D. 1 KB＝1 000 B

9. 在计算机工作过程中,将外存的信息传送到内存中的过程称之为( )。

A. 写盘 B. 复制 C. 读盘 D. 输出

10. 在计算机中,应用最普遍的字符编码是( )。

A. 机器码 B. 汉字编码 C. ASCII D. BCD 码

11. 下面说法中正确的是( )。

A. 一个完整的计算机系统是由微处理器、存储器和输入/输出设备组成

B. 计算机区别于其他计算工具的最主要特点是能存储程序和数据

C. 电源关闭后,ROM 中的信息会丢失

D. 16 位字长计算机能处理的最大数是 16 位十进制数

12. "32 位微型计算机"中的 32 指的是( )。

A. 微机型号 B. 存储单位 C. 机器字长 D. 内存容量

13. 个人计算机属于( )。

A. 小型计算机 B. 中型计算机 C. 小巨型计算机 D. 微型计算机

14. 下面关于显示器的叙述,正确的是( )。

A. 显示器是输入设备 B. 显示器是输出设备

C. 显示器是输入/输出设备 D. 显示器是存储设备

15. 应用软件是指( )。

A. 所有能够使用的软件 B. 所有微机上都应使用的基本软件

C. 专门为某一应用目的而编制的软件 D. 能被各应用单位共同使用的某种软件

16. 目前使用的防病毒软件作用是( )。

A. 查出并清除任何病毒 B. 查出已知名的病毒、清除部分病毒

C. 查出任何已感染的病毒 D. 清除任何已感染的病毒

17. 计算机中存储单元中存储的内容( )。

A. 可以是数据和指令 B. 只能是程序

C. 只能是数据 D. 只能是指令

18. 用来表示计算机辅助教学的英文缩写是( )。

A. CAD B. CAM C. CAI D. CAT

19. 构成计算机物理实体的部件被称为( )。

A. 计算机系统 B. 计算机硬件 C. 计算机软件 D. 计算机程序

20. 微型计算机的微处理器包括( )。

A. 运算器和主存 B. 控制器和主存

C. 运算器和控制器 D. 运算器、控制器和主存

21. 下面列出的四项中,不属于计算机病毒特点的是( )。

A. 免疫性 B. 潜伏性 C. 激发性 D. 传播性

22. 下列不能作为存储器容量单位的是( )。

A. Byte B. KB C. MIPS D. GB

23. 4 个字节是( )个二进制位。

A. 16 B. 32 C. 48 D. 64

24. 存储器容量的度量中,1 MB 准确等于(　　　)。

A. 1 024×1 024 bit　　　　　　　　B. 1 000×1 000 bytes

C. 1 024×1 000 words　　　　　　　D. 1 024×1 024 bytes

25. 硬磁盘与软磁盘相比,具有(　　　)特点。

A. 存储容量小,工作速度快　　　　B. 存储容量大,工作速度快

C. 存储容量小,工作速度慢　　　　D. 存储容量大,工作速度慢

26. 下列软件中,(　　　)是系统软件。

A. 用 C 语言编写的求解一元二次方程的程序

B. 工资管理软件

C. 用汇编语言编写的一个练习程序

D. Windows 操作系统

27. 下列说法中,正确的是(　　　)。

A. 软盘的数据存储量远比硬盘少

B. 软盘可以是好几张磁盘合成的一个磁盘组

C. 软盘的体积比硬盘大

D. 读取硬盘上数据所需的时间比软盘多

28. 在计算机中,字节的英文名字是(　　　)。

A. bit　　　　　　B. byte　　　　　　C. bou　　　　　　D. baud

29. 在下面的描述中,正确的是(　　　)。

A. 外存中的信息可直接被 CPU 处理

B. 键盘是输入设备,显示器是输出设备

C. 操作系统是一种很重要的应用软件

D. 计算机中使用的汉字编码和 ASCII 码是一样的

30. 微处理器又称为(　　　)。

A. 运算器　　　　　B. 控制器　　　　　C. 逻辑器　　　　　D. 中央处理器

31. 下列描述中,不正确的是(　　　)。

A. 用机器语言编写的程序可以由计算机直接执行

B. 软件是指程序和数据的统称

C. 计算机的运算速度与主频有关

D. 操作系统是一种应用软件

32. 在一般情况下,软盘中存储的信息在断电后(　　　)。

A. 不会丢失　　　　B. 全部丢失　　　　C. 大部分丢失　　　　D. 局部丢失

33. 在微机中,访问速度最快的存储器是(　　　)。

A. 硬盘　　　　　　B. 软盘　　　　　　C. 光盘　　　　　　D. 内存

34. ROM 是(　　　)。

A. 随机存储器　　　B. 只读存储器　　　C. 高速缓冲存储器　D. 顺序存储器

35. 在微机中,硬盘驱动器属于(　　　)。

A. 内存储器　　　　B. 外存储器　　　　C. 输入设备　　　　D. 输出设备

36. 微机中,运算器的另一名称是(　　　)。

A. 算术运算单元　　B. 逻辑运算单元　　C. 加法器　　　　　D. 算术逻辑单元

37. 微型计算机必不可少的输入/输出设备是(　　　)。

A. 键盘和显示器　　B. 键盘和鼠标器　　C. 显示器和打印机　D. 鼠标器和打印机

38. 下列设备中,(　　　)是输出设备。

A. 键盘　　　　　　B. 鼠标　　　　　　C. 光笔　　　　　　D. 绘图仪

39. 能直接与CPU交换信息的功能单元是(　　　)。

A. 显示器　　　　　B. 控制器　　　　　C. 主存储器　　　　D. 运算器

40. (　　　)不是微型计算机必需的工作环境。

A. 恒温　　　　　　B. 良好的接地线路　C. 远离强磁场　　　D. 稳定的电源电压

41. 将微机的主机与外设相连的是(　　　)。

A. 总线　　　　　　B. 磁盘驱动器　　　C. 内存　　　　　　D. 输入/输出接口电路

42. 下列叙述中,正确的是(　　　)。

A. 所有微机上都可以使用的软件称为应用软件

B. 操作系统是用户与计算机之间的接口

C. 一个完整的计算机系统是由主机和输入/输出设备组成的

D. 磁盘驱动器是存储器

43. 在计算机内部,数据是以(　　　)形式加工、处理和传送的。

A. 二进制码　　　　B. 八进制码　　　　C. 十进制码　　　　D. 十六进制码

44. 计算机病毒是可以造成机器故障的一种(　　　)。

A. 计算机设备　　　B. 计算机程序　　　C. 计算机部件　　　D. 计算机芯片

45. 内存和外存相比,其主要特点是(　　　)。

A. 能存储大量信息　　　　　　　　　　B. 能长期保存信息

C. 存取速度快　　　　　　　　　　　　D. 能同时存储程序和数据

46. 把内存中的数据传送到计算机的硬盘,称为(　　　)。

A. 显示　　　　　　B. 写盘　　　　　　C. 读盘　　　　　　D. 输入

47. 下列说法中,只有(　　　)是正确的。

A. ROM是只读存储器,其中的内容只能读一次,下次再读就读不出来了

B. 硬盘通常安装在主机箱内,所以硬盘属于内存

C. CPU不能直接与外存打交道

D. 任何存储器都有记忆能力,即其中的信息不会丢失

48. 关于磁盘格式化的叙述,正确的是(　　　)。

A. 只能对新盘做格式化,不能对旧盘做格式化

B. 新盘必须做格式化后才能使用,对旧盘做格式化将抹去盘上原有的内容

C. 做了格式化后的磁盘,就能在任何计算机系统上使用

D. 新盘不做格式化照样可以使用,但做格式化可使磁盘容量增大

49. 被称作"裸机"的计算机是指(　　　)。

A. 没有装外部设备的微机　　　　　　　B. 没有装任何软件的微机

C. 大型机器的终端机　　　　　　　　D. 没有硬盘的微机

50. 下面列出的四种存储器中,易失性存储器是(　　　)。

A. RAM　　　　　B. ROM　　　　　C. PROM　　　　　D. EPROM

51. 在计算机领域中用 MIPS 来描述(　　　)。

A. 计算机的可靠性　　　　　　　　　B. 计算机的可扩充性

C. 计算机的可运行性　　　　　　　　D. 计算机的运算速度

52. 可将各种数据转换为计算机能处理的形式并输送到计算机中的设备统称为(　　　)。

A. 输入设备　　　　B. 输出设备　　　　C. 输入/输出设备　　D. 存储设备

53. 下列设备中,既能向主机输入数据又能接收由主机输出数据的设备是(　　　)。

A. 显示器　　　　B. 软磁盘存储器　　　C. 扫描仪　　　　D. CD-ROM

54. 显示器分辨率一般表示为(　　　)。

A. 能显示的信息量　　　　　　　　　B. 能显示多少个字符

C. 能显示的颜色数　　　　　　　　　D. 横向点乘以纵向点

55. 微机系统主要通过(　　　)与外部交换信息。

A. 键盘　　　　　B. 鼠标　　　　　C. 显示器　　　　　D. 输入/输出设备

56. 以下外设中,既可作为输入设备又可作为输出设备的是(　　　)。

A. 键盘　　　　　B. 显示器　　　　　C. 打印机　　　　　D. 磁盘驱动器

57. CAI 是计算机的应用领域之一,其含义是(　　　)。

A. 计算机辅助设计　　　　　　　　　B. 计算机辅助制造

C. 计算机辅助测试　　　　　　　　　D. 计算机辅助教学

58. 下列叙述中,正确的是(　　　)。

A. 操作系统是主机与外设之间的接口　B. 操作系统是软件与硬件的接口

C. 操作系统是源程序和目标程序的接口 D. 操作系统是用户与计算机之间的接口

59. 预防软盘感染病毒的有效方法是(　　　)。

A. 定期对软盘进行格式化

B. 对软盘上的文件要经常重新复制

C. 给软盘加写保护

D. 不把有病毒的与无病毒的软盘放在一起

60. 下列关于系统软件的四条叙述中,正确的一条是(　　　)。

A. 系统软件与具体应用领域无关　　　B. 系统软件与具体硬件逻辑功能无关

C. 系统软件是在应用软件基础上开发的 D. 系统软件并不具体提供人机界面

61. 计算机软件系统可分为(　　　)。

A. 操作系统和语言处理程序　　　　　B. 程序和数据

C. 系统软件和应用软件　　　　　　　D. 程序、数据和文档

62. 下列术语中,属于显示器性能指标的是(　　　)。

A. 速度　　　　　B. 可靠性　　　　　C. 分辨率　　　　　D. 精度

63. 下列四种设备中,属于计算机输入设备的是(　　　)。

A. 显示器　　　　B. 打印机　　　　　C. 绘图仪　　　　　D. 鼠标器

64. 计算机中对数据进行加工与处理的部件,通常称为(　　　)。

A. 运算器　　　　　B. 控制器　　　　　C. 显示器　　　　　D. 存储器

65. 微型计算机中内存储器比外存储器（　　）。

A. 读写速度快　　　B. 存储容量大　　　C. 运算速度慢　　　D. 以上三项都对

66. 下列字符中 ASCII 码值最小的是（　　）。

A. A　　　　　　　　B. a　　　　　　　　C. k　　　　　　　　D. M

67. 二个字节表示（　　）二进制位。

A. 2 个　　　　　　B. 4 个　　　　　　C. 8 个　　　　　　D. 16 个

68. 世界上第二代电子计算机采用的电子逻辑器件是（　　）。

A. 晶体管　　　　　　　　　　　　　B. 电子管

C. 中小规模集成电路　　　　　　　　D. 大规模超大规模集成电路

69. 世界上第一台电子计算机是（　　）的科学家和工程师设计并制造的。

A. 1945 年由英国　B. 1964 年由美国　C. 1946 年由英国　D. 1946 年由美国

70. 从计算机发展历程看,计算机目前已经发展到了（　　）阶段。

A. 晶体管计算机　　　　　　　　　　B. 集成电路计算机

C. 大规模集成电路计算机　　　　　　D. 人工智能计算机

71. 计算机最主要的工作特点是（　　）。

A. 高速度　　　　　　　　　　　　　B. 高精度

C. 存记忆能力　　　　　　　　　　　D. 存储程序和程序控制

72. 下列四条叙述中,有错误的一条是（　　）。

A. 两个或两个以上的系统交换信息的能力称为兼容性

B. 当软件所处环境(硬件/支持软件)发生变化时,这个软件还能发挥原有的功能,则称该软件为兼容软件

C. 不需调整或仅需少量调整即可用于多种系统的硬件部件,称为兼容硬件

D. 著名计算机厂家生产的计算机称为兼容机

73. 下列四条叙述中,有错误的一条是（　　）。

A. 以科学技术领域中的问题为主的数值计算称为科学计算

B. 计算机应用可分为数值应用和非数值应用两类

C. 计算机各部件之间有两股信息流,即数据流和控制流

D. 对信息(即各种形式的数据)进行收集、储存、加工与传输等一系列活动的总称为实时控制

74. 某单位自行开发的工资管理系统,按计算机应用的类型划分,它属于（　　）。

A. 科学计算　　　　B. 辅助设计　　　　C. 数据处理　　　　D. 实时控制

75. 微型计算机中使用的人事档案管理系统,属下列计算机应用中的（　　）。

A. 人工智能　　　　B. 专家系统　　　　C. 信息管理　　　　D. 科学计算

76. 英文缩写 CAD 的中文意思是（　　）。

A. 计算机辅助教学　　　　　　　　　B. 计算机辅助制造

C. 计算机辅助设计　　　　　　　　　D. 计算机辅助测试

77. 下列哪项不属于计算机病毒造成的系统异常症状（　　）。

A. 计算机系统的蜂鸣器出现异常声响　B. 计算机系统经常无故发生死机现象

C. 系统不识别硬盘　　　　　　　　D. 扬声器没有声音

78. 微处理器处理的数据基本单位为字。一个字的长度通常是(　　　)。

A. 16 个二进制位　　　　　　　　　B. 32 个二进制位

C. 64 个二进制位　　　　　　　　　D. 与微处理器芯片的型号有关

79. 存储器中存放的信息可以是数据,也可以是指令,这要根据(　　　)。

A. 最高位是 0 还是 1 来判别　　　　B. 存储单元的地址来判别

C. CPU 执行程序的过程来判别　　　D. ASCII 码表来判别

80. 国内流行的汉字系统中,一个汉字的机内码一般需占(　　　)。

A. 2 个字节　　　　B. 4 个字节　　　　C. 8 个字节　　　　D. 16 个字节

81. 下列叙述中,正确的一条是(　　　)。

A. 键盘上的 F1～F12 功能键,在不同的软件下其作用是一样的

B. 计算机内部,数据采用二进制表示,而程序则用字符表示

C. 计算机汉字字模的作用是供屏幕显示和打印输出

D. 微型计算机主机箱内的所有部件均由大规模、超大规模集成电路构成

82. 下列四条叙述中,正确的一条是(　　　)。

A. 计算机能直接识别并执行高级语言源程序

B. 计算机能直接识别并执行机器指令

C. 计算机能直接识别并执行数据库语言源程序

D. 汇编语言源程序可以被计算机直接识别和执行

83. 一个完整的计算机系统应包括(　　　)。

A. 系统硬件和系统软件　　　　　　B. 硬件系统和软件系统

C. 主机和外部设备　　　　　　　　D. 主机、键盘、显示器和辅助存储器

84. 下列四条描述中,正确的一条是(　　　)。

A. 鼠标器是一种既可作输入又可作输出的设备

B. 激光打印机是非击打式打印机

C. Windows XP 是一种应用软件

D. PowerPoint 是一种系统软件

85. 系统软件中的核心部分是(　　　)。

A. 数据库管理系统　　　　　　　　B. 语言处理程序

C. 各种工具软件　　　　　　　　　D. 操作系统

86. 下列存储器中,存取速度最快的是(　　　)。

A. 软磁盘存储器　　　　　　　　　B. 硬磁盘存储器

C. 光盘存储器　　　　　　　　　　D. 内存储器

87. 下列四条叙述中,正确的一条是(　　　)。

A. 使用打印机要有其驱动程序　　　B. 激光打印机可以进行复写打印

C. 显示器可以直接与主机相连　　　D. 用杀毒软件可以清除一切病毒

88. 下列因素中,对微型计算机工作影响最小的是(　　　)。

A. 温度　　　　　　B. 湿度　　　　　　C. 磁场　　　　　　D. 噪声

89. 下列四条叙述中,属 RAM 特点的是(　　　)。

A. 可随机读/写数据,且断电后数据不会丢失

B. 可随机读/写数据,断电后数据将全部丢失

C. 只能顺序读/写数据,断电后数据将部分丢失

D. 只能顺序读/写数据,且断电后数据将全部丢失

90. 微型计算机使用的键盘中,Shift 键是(　　　)。

A. 换档键　　　　　B. 退格键　　　　　C. 空格键　　　　　D. 回车换行键

二、判断题(请在正确的题后括号中打√,错误的题后括号中打×。)

1. "PC"指个人计算机。　　　　　　　　　　　　　　　　　　　　　　(　　)

2. 计算机只能处理文字信息。　　　　　　　　　　　　　　　　　　　(　　)

3. 计算机中的字节是个常用的单位,它的英文名字是 BIT。　　　　　　(　　)

4. 在计算机内部,传送、存储、加工处理的数据或指令都是以十进制方式进行的。(　　)

5. 某台计算机的内存容量为 640 KB,这里的 1 KB 为 1 000 个二进制位。(　　)

6. ASCII 码是美国标准局定义的一种字符代码,在我国不能使用。　　　(　　)

7. 微机在存储单元的内容可以反复读出,内容仍保持不变。　　　　　　(　　)

8. 一个完整的计算机系统应包括软件系统和硬件系统。　　　　　　　　(　　)

9. 造成微机不能正常工作的原因只可能是硬件故障。　　　　　　　　　(　　)

10. 安装在主机机箱外部的存储器叫外部存储器,简称外存。　　　　　　(　　)

11. 磁盘是计算机的重要外设,没有磁盘,计算机就不能运行。　　　　　(　　)

12. 键盘上的 Ctrl 键是起控制作用的,它必须与其他键同时按下才起作用。(　　)

13. 键盘上两个回车键的作用是一样的。　　　　　　　　　　　　　　　(　　)

14. 显示器的像素分辨率越大越好。　　　　　　　　　　　　　　　　　(　　)

15. 微型计算机的热启动是依次按 Ctrl、Alt、Del 三个键。　　　　　　　(　　)

16. 硬盘因为装在主机内部,所以硬盘是内部存储器。　　　　　　　　　(　　)

17. 微机使用过程中出现的故障,不仅有硬件方面的,也可能有软件方面的。(　　)

18. 计算机维护包括硬件维护和软件维护两个方面。　　　　　　　　　　(　　)

19. 使用鼠标器一定要有相应的驱动程序。　　　　　　　　　　　　　　(　　)

20. 安装在主机箱里面的存储设备是内存。　　　　　　　　　　　　　　(　　)

21. 即便是关机停电,一台微机 ROM 中的数据也不会丢失。　　　　　　(　　)

22. 微型计算机的鼠标一般是连接在机器的并行口上的。　　　　　　　　(　　)

23. 当微机出现死机时,可以按机箱上的"Reset"键重新启动,而不必关闭主电源。(　　)

24. 计算机必须要有主机、显示器、键盘和打印机这四部分才能进行工作。(　　)

25. 软件通常分为操作系统和应用软件两大类。　　　　　　　　　　　　(　　)

26. U 盘、硬盘、光盘都是外部存储器。　　　　　　　　　　　　　　　(　　)

27. 一台普通 PC,增加声卡和光驱(CD-ROM)以后,便成了一台最简单的多媒体计算机。　　　　　　　　　　　　　　　　　　　　　　　　　　　　　(　　)

28. 计算机的发展经历了四代,"代"的划分是根据计算机的运算速度来划分。(　　)

29. 操作系统既是硬件与其他软件的接口,又是用户与计算机之间的接口。(　　)

30. 微型机中硬盘工作时,应特别注意避免强烈震动。　　　　　　　　　(　　)

实验 4　Windows 7 的基本操作

【实验目的】

1. 熟悉 Windows 7 的桌面及桌面图标；
2. 熟悉任务栏及"开始"菜单的设置与使用；
3. 管理 Windows 7 的窗口。

【实验环境】

中文版 Windows 7。

【实验案例】

案例 1：定制桌面图标，在桌面上自定义显示常用程序的快捷方式，并调整图标大小，然后自定义分类排列桌面图标。

操作步骤：

1. 设置桌面上显示或者不显示系统图标

（1）单击"开始"按钮，打开"开始"菜单。

（2）右击"计算机"，弹出快捷菜单，如图 4-1 所示。

图 4-1　"计算机"快捷菜单

（3）选择"在桌面上显示"命令，此时即可在桌面上显示"计算机"图标。

按照同样的方法，还可设置在桌面上不显示"控制面板"图标。

2．将常用应用程序的快捷方式放置在桌面上

（1）在"开始"菜单的"所有程序"列表中选中需要添加快捷方式到桌面的应用程序。

（2）右击打开快捷菜单。

（3）在快捷菜单中选择"发送到"命令，弹出子菜单，在子菜单中选择"桌面快捷方式"，如图4-2所示。此时桌面上将显示该应用程序的快捷方式。

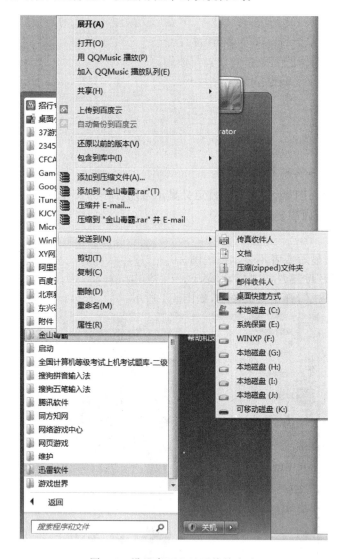

图4-2　设置桌面上显示快捷方式

3．改变桌面图标大小

（1）在桌面空白处右击鼠标，打开快捷菜单。

（2）在快捷菜单中选择"查看"命令，弹出子菜单，在子菜单中选择相应命令，如图4-3所示，可对桌面图标是否显示及显示大小等进行设置。

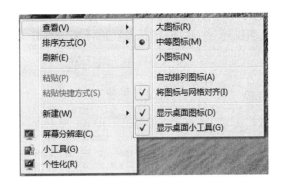

图 4-3 改变桌面图标大小

案例2：改变窗口显示方式，以及设置任务栏。

操作步骤：

1. 改变窗口显示方式

（1）打开"计算机"和"网络"，在任务栏的空白处右击鼠标，弹出快捷菜单，选择"堆叠显示窗口"，结果如图 4-4 所示。

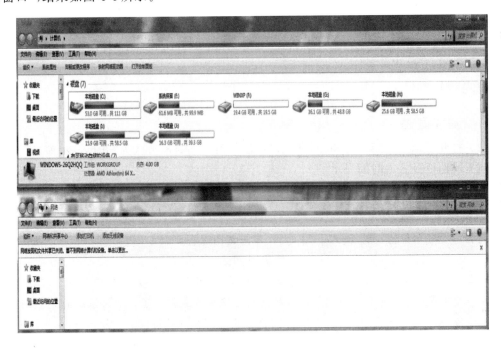

图 4-4 堆叠显示窗口

（2）取消堆叠。在任务栏的空白处右击鼠标，弹出快捷菜单，选择"撤销堆叠显示"即可。

2. 任务栏基本操作

（1）设置计算机系统时间为 9:00。在任务栏的系统托盘里找到当前正在显示的时间，用鼠标单击时间，弹出如图 4-5 所示界面，在此界面中单击"更改日期和时间设置"，打开"日期和时间"对话框，单击"更改日期和时间"按钮，打开"日期和时间设置"对话框，如图 4-6 所示，设置时间为 9:00，单击"确定"按钮即可。

(2) 改变任务栏的大小。把鼠标指针移动到任务栏的上边缘处,当鼠标指针变成双向箭头时,按住鼠标左键,拖动鼠标(注意:锁定任务栏后不能改变任务栏大小和移动位置)。

图 4-5 设置时间

图 4-6 "日期和时间设置"对话框

【实验内容】

一、第 1 套题

(1) 打开桌面上"计算机"和"网络"窗口,使得窗口的显示方式为"并排显示窗口"。

(2) 取消任务栏的时间显示。

(3) 隐藏任务栏并在桌面上建立"计算器"应用程序的快捷方式。

二、第 2 套题

打开 Windows 记事本,输入下面文字,并将文档保存。

计算机网络

计算机网络是计算机技术和通信技术结合的产物。用通信线路及通信设备把个别的计算机连接在一起形成一个复杂的系统就是计算机网络。这种方式扩大了计算机系统的规模,实现了计算机资源(硬件资源和软件资源)的共享,提高了计算机系统的协同工作能力,为电子数据交换提供了条件。计算机网络可以是小范围的局域网络,也可以是跨地区的广域网络。

现今最大的网络是 Internet;加入这个网络的计算机已达数亿台;通过 Internet 我们可以利用网上丰富的信息资源,互传邮件(电子邮件)。所谓的信息高速公路就是以计算机网络为基础设施的信息传播活动。现在,又提出了所谓网络计算机的概念,即任何一台计算机,可以独立使用它,也可以随时进入网络,成为网络的一个结点使用它。

三、第 3 套题

将计算机中保存的某张图片设置为桌面背景。

实验 5　Windows 7 的文件管理

【实验目的】

1. 掌握新建文件夹和对文件夹进行命名和重命名；
2. 掌握文件和文件夹的管理方法；
3. 搜索计算机中的文件和文件夹。

【实验环境】

中文版 Windows 7。

【实验示例】

案例 1：文件和文件夹的基本操作。

操作步骤：

(1) 在 C:\建立名为 student 的文件夹。打开"计算机"并双击打开"C:\"，在"C:\"工作区的空白处右击鼠标，弹出快捷菜单，选择"新建"→"文件夹"，如图 5-1 所示，在"新建文件夹"的图标上右击鼠标，在快捷菜单上选择"重命名"，在反白处输入"student"即可。

图 5-1　"新建文件夹"菜单

（2）改变文件夹的属性，使 student 文件夹的属性改为"隐藏"。student 文件夹图标上右击鼠标，在快捷菜单上选择"属性"，弹出"属性"对话框，单击"隐藏"旁的复选框，如图5-2所示，最后单击"应用"和"确定"按钮。

图 5-2　文件属性对话框

案例 2：使用搜索功能搜索某个特定文件。

操作步骤：

1. 搜索包含"计算机基础"的文件和文件夹

（1）打开"计算机"。

（2）在搜索框中输入"计算机基础"，窗口中立刻自动筛选出包含"计算机基础"的文件和文件夹。

2. 搜索 C 盘中大小为 1～16 MB 的图片文件

（1）打开 C 盘。

（2）在搜索框中输入"＊.jpg"，窗口中立刻自动筛选出所有的.jpg 格式的图片文件。

（3）单击搜索框，在扩展列表中单击"大小"按钮，在展开的大小选项中选择"大（1～16 MB）"，即可搜索出文件大小为 1～16 MB 的图片文件。

【实验内容】

一、第 1 套题

（1）在 C:\盘根目录下建立以学生学号为文件名的文件夹。

（2）在 C:\盘下查找所有小于 1 MB 的 Word 文件，将找到的所有文件复制到上述文件夹中。

（3）将该文件夹中第一个.doc 文件重新命名为"通讯录.doc"。

（4）将该文件夹设置为"只读"属性。

(5) 将该文件夹在资源管理器的显示方式调整为"详细资料"并按"日期"排列。

二、第2套题

(1) 在 C:\盘根目录下创建一个 BOOK 和 VOTUNA 文件夹。

(2) 在 VOTUNA 文件夹中新建 boyable.doc 文件并复制到同一文件夹下,并重命名为 syad.doc。

(3) 在 BOOK 文件夹中建立文件 PRODUCT.txt 并对该文件设置为"隐藏"和"只读" 属性。

(4) 在 BOOK 文件夹中新建 PIACY.txt 文件并移动到 VOTUNA 文件夹中。

实验6 Windows 7 附带工具的使用

【实验目的】

1. 掌握数学输入面板的使用；
2. 掌握画图的使用；
3. 掌握写字板的使用。

【实验环境】

中文版 Windows 7。

【实验示例】

案例1：使用数学输入面板将表达式 $y = \dfrac{2}{\sqrt{\pi}} \displaystyle\int_0^{\frac{1}{2}} -x^2 \, \mathrm{d}x$ 插入到 Word 2010 文档中。

操作步骤：

1. 在"开始"菜单中选择"所有程序"→"附件"→"数学输入面板"，打开数学输入面板窗口，如图 6-1 所示。

图 6-1 "数字公式输入面板"窗口

2. 在书写区域书写完整的数学表达式，若手写识别和正确公式之间存在误差，则单击更正按钮区域中的"选择和更正"按钮，然后在书写区域中标记（单击或画圆圈选定被错误识别的表达式）需要修改的部分。被标记的部分会显示为红色并且包含在虚线框内，同时弹出相似符号选择列表。

3. 选择正确的符号后,识别的表达式将会显示在预览区域。

4. 如果列表中没有正确的表达式,可以用"擦除"按钮和"写入"按钮重新修改选定的表达式。

5. 书写无误后,打开需要插入数学公式的 Word 2010 文档,将光标停在待插入公式的位置,单击"数学输入面板"下方的"插入"按钮,即可将被识别正确的数学表达式插入到光标停留的位置。

案例 2:利用"写字板"进行简单文档编辑。

操作步骤:

1. 单击"开始"→"所有程序"→"附件"→"写字板",如图 6-2 所示。

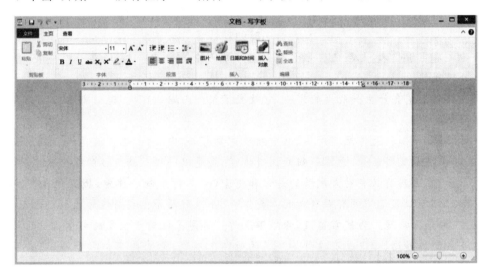

图 6-2 "写字板"窗口

2. 新建文件。要创建一个新文档,可采用以下几种方式:启动"写字板",系统自动新建"文档";单击"主页"左边的向下的三角,在弹出的菜单中选择"新建"命令。写字板支持如下文档格式:Word for Windows 6.0、RTF、文本文档、文本文档-MS-DOS、Unicode 几种。

3. 打开文件。单击"主页"左边的向下的三角,在弹出的菜单中选择"打开"命令。然后单击包含要打开的文档的驱动器,再双击包含要打开的文档的文件夹,最后单击文档名,再单击"打开"按钮即可。

4. 输入文本。在 Windows 7 的状态栏单击输入法按钮选取输入法,"Ctrl + 空格"切换中英文输入,"Shift +空格"切换全角/半角,在插入点处输入文本。

5. 修改文本。"Backspace"键删除插入点左边的字符,"Del"键删除插入点右边的字符,利用鼠标在文本处拖动选取文本,或单击"编辑"中的"全部选定"来选定整个文本。对已选定的文本可进行"剪切""复制""粘贴"等操作。

"剪切":将被选定的文本从文档中删除并置于"剪贴板"中,"剪贴板"是临时存放剪切或复制的内容的内存存储空间。"粘贴":将"剪贴板"中的内容复制到当前文档的插入点处。一次"剪切"可多次"粘贴"。

"复制":将选定文本复制到"剪贴板"中,然后可通过"粘贴"将选定文本复制到当前文档的插入点处。

6. 基本格式排版。先选定文本,再选择相应的命令或菜单来完成字体、字号、粗体、斜体、下画线、颜色等设置。

7. 保存文件。单击"主页"左边的向下的三角,在弹出的菜单中选择"保存"命令,或"快速启动"工具栏的"保存"按钮,对文件进行存盘。

【实验内容】

一、第 1 套题

打开 Windows"写字板",输入下面文字;并将标题居中,字体设置"宋体"、字号设置为"36"并且加粗。每个段落首行缩进 2 个汉字。设置完毕后,将文档保存。

一叶知秋

合抱之木生于毫末,九层之台起于垒土。可见无论是一沙一木,还是一叶一花,总在细枝末节处隐现端倪。

小小的蜡烛竟会产生如此大的影响,它改变了整个山洞的环境,迫使那些斑斓的大蝴蝶只能另寻栖所。

一叶零落,便知秋天将至。的确,注重细节需要有如"尘"的心思。这是一门洞察世事的学问,并非机械地观察记录,也不是四处探听偷窥,而是以一种至情至性的眼光来看待万物。这几位朋友,在进洞前只有对大蝴蝶的好奇和探索,全无对生命的尊重,因而他们贸然点燃蜡烛。如"尘"的心思是一种有血有肉的心灵探索,并不是高等生物对低等生物的征服。"钩帘归乳燕,穴纸出痴蝇。为鼠常留饭,怜蛾不点灯。"这是苏轼对于生命的大度。这位执铁板唱大江东去的真男儿,心中也有这种如"尘"的时刻。不过,此情并不令人费解,倘若没有这等如"尘"的心思,又怎能留下"十年生死两茫茫,不思量自难忘"的绵绵无绝的佳句?

心思如"尘",不仅需要"怜蛾不点灯"的大度与包容,还需要我们有触动事物核心的敏感。

二、第 2 套题

使用数学输入面板将表达式插入到 Word 2010 文档中。公式如下:

$$y = \frac{2}{\sqrt{\pi}} \int_0^{\frac{1}{2}} -x^2 \, \mathrm{d}x$$

实验7 Windows 7 基础知识练习

【实验目的】

掌握本章的基础知识,学会在计算机上做习题的方法,为今后各种考核做准备。

【实验环境】

1. 中文版 Windows 7;

2. 中文版 Word 2010。

【实验方法】

把老师提供的"Windows 7 基础知识"试题的 Word 文档复制到自己工作计算机上,打开该文档,仔细阅读每道题目,把每题的正确答案填写到该题目中的括号中。做完后保存好自己的文档(用 U 盘保存),课堂上最后 10 分钟再与老师给你的参考答案核对,修改后保存。

【实验内容】

Windows 7 基础知识习题

一、下列习题都是单选题,请选择 A、B、C、D 中的一个字母写到本题的括号中。

1. 视窗操作系统简称( )。

A. DOS   B. UC-DOS   C. Windows   D. WPS

2. 操作系统是一种( )。

A. 便于计算机操作的硬件   B. 便与计算机操作的规范

C. 管理计算机系统资源的软件   D. 计算机系统

3. 一个文件的扩展名通常表示( )。

A. 文件的类型   B. 文件的版本   C. 文件的大小   D. 文件的属性

4. 在 Windows 7"资源管理器"的窗口中,要想显示隐含文件,可以利用( )菜单来进行设置。

A. 编辑   B. 视图   C. 查看   D. 工具

5. 在 Windows 7 环境中,当不小心对文件或文件夹的操作发生错误时,可以利用"编辑"菜单中的( )命令,取消原来的操作。

A. 复制   B. 粘贴   C. 撤销   D. 剪切

6. 在下列描述中,不能打开 Windows 7"资源管理器"的操作是( )。

A. 在"开始"菜单的"程序"选项菜单中选择它

B. 右击"开始",在弹出的快捷菜单中选择它

C. 把鼠标放在"我的电脑"图标上,右击后选择它

D. 在"开始"菜单的"文档"选项菜单中选择任意一个文档后用右击

7. 在 Windows 7 环境中,对文档实行修改后,既要保存修改后的内容,又不能改变原文档的内容,此时可以使用"文件"菜单中的(　　)命令。

A. 属性 　　　　 B. 打开 　　　　 C. 保存 　　　　 D. 另存为

8. 在 Windows 7 的"资源管理器"或"我的电脑"窗口中对文件、文件夹进行复制操作,当选择了操作对象之后,应当在常用工具栏中选择(　　)按钮,然后选择复制目的磁盘或文件夹,再选择常用工具栏中的粘贴按钮。

A. 复制 　　　　 B. 打开 　　　　 C. 粘贴 　　　　 D. 剪切

9. 在 Windows 7 中,在通常情况下,单击对话框中的"确定"按钮与按(　　)键的作用是一样的。

A. F1 　　　　 B. Esc 　　　　 C. Enter 　　　　 D. F2

10. 为了获取 Windows 7 的帮助信息,可以在需要帮助的时候按(　　)键。

A. F3 　　　　 B. F2 　　　　 C. F4 　　　　 D. F1

11. 在 Windows 7 中单击(　　)按钮或图标,几乎包括了 Windows 7 中的所有功能。

A. "我的文档" 　　 B. "资源管理器" 　　 C. "我的公文包" 　　 D. "开始"

12. 在操作 Windows 7 中的许多子菜单中,常常会出现灰色的菜单项,这是(　　)。

A. 错误点击了其主菜单 　　　　　　　　 B. 双击灰色的菜单项才能执行

C. 选择它按右键就可对菜单操作 　　　　 D. 在当前状态下,无此功能

13. 在 Windows 7 中,鼠标左键和右键的功能(　　)。

A. 固定不变 　　　　　　　　　　 B. 通过对"控制面板"操作来改变

C. 通过对"资源管理器"操作来改变 　　 D. 通过对"附件"操作来改变

14. Windows 7 中的文件名最长可达(　　)个字符。

A. 255 　　　　 B. 254 　　　　 C. 256 　　　　 D. 8

15. Windows 7 中的"写字板"程序只能编辑(　　)。

A. .txt 文件 　　　　　　　　　　 B. .txt 和 .doc 文件

C. 任一种格式文件 　　　　　　　　 D. 多种格式文件

16. Windows 7 中改变日期时间的操作能(　　)。

A. 只能在"控制面板"中双击"日期/时间"

B. 不止一种方法可改变它

C. 只能双击"任务栏"右侧的数字时钟

D. 在系统设置中设置

17. 在 Windows 7 中"画图"程序所建立的文件扩展名均是(　　)。

A. .gif 　　　　 B. .doc 　　　　 C. .jpg 　　　　 D. .bmp

18. Windows 7 中屏幕保护程序可自行设置,并可(　　)。

A. 设置等待时间,但不能设置密码 　　 B. 设置密码和设置等待时间

C. 设置密码,但不能设置等待时间 　　 D. A、B 都不能

19. Windows 7 桌面上的"背景""屏幕保护程序""显示"三者是（   ）。

A. "背景"和"外观"是同一含义　　　　B. "屏幕保护程序""外观"具有同一含义

C. 三者均是同一含义　　　　　　　　D. 三者均有不同的含义

20. 在 Windows 7 中进行文本输入时，系统默认中英文切换方式可用（   ）。

A. 均不对　　　　　B. Ctrl＋Shift　　　　C. Shift＋空格键　　　D. Ctrl＋空格键

21. 在 Windows 中进行文本输入时，全角/半角切换可用（   ）。

A. Ctrl＋空格键　　　B. Shift＋空格键　　　C. Ctrl＋Shift　　　　D. 均不对

22. 在 Windows 7 中，允许用户在计算机系统中配置的打印机为（   ）。

A. 一台针式打印机

B. 只能是一台任意型号的打印机

C. 只能是一台激光打印机或一台喷墨打印机

D. 多台打印机

23. 为了正常退出 Windows 7，用户的正确操作是（   ）。

A. 选择系统菜单中的"关闭系统"并进行人机对话

B. 在没有任何程序正在执行的情况下关掉计算机的电源

C. 关掉供给计算机的电源

D. 按 Alt＋Ctrl＋Del 键

24. 在 Windows 7 环境中，显示器的整个屏幕称为（   ）。

A. 桌面　　　　　　B. 图标　　　　　　C. 窗口　　　　　　　D. 资源管理器

25. 鼠标是 Windows 7 环境下的一种重要的（   ）工具。

A. 输入　　　　　　B. 画图　　　　　　C. 指示　　　　　　　D. 输出

26. 在 Windows 7 环境中，鼠标主要的三种操作方式是：单击、双击和（   ）。

A. 与键盘击键配合使用　　　　　　　B. 连续交替按下左右键

C. 拖动　　　　　　　　　　　　　　D. 连击

27. 在 Windows 7 环境中的通常情况下，鼠标在屏幕上产生的标记符号变为一个"沙漏"状时，表明（   ）。

A. Windows 7 正在执行某一处理任务，请用户稍等

B. 提示用户注意某个事项，并不影响计算机继续工作

C. Windows 7 执行的程序出错，终止其执行

D. 等待用户键入 Y 或 N，以便继续工作

28. 在 Windows 7 环境中，鼠标是重要的输入工具，而键盘（   ）。

A. 仅能在菜单操作中运用，不能在窗口中操作

B. 无法起作用

C. 也能完成几乎所有操作

D. 配合鼠标起辅助作用（如输入字符）

29. 在 Windows 7 环境中，每个窗口最上面有一个"标题栏"，把鼠标光标指向该处，然后"拖放"，则可以（   ）。

A. 变动该窗口上边缘，从而改变窗口大小　B. 缩小该窗口

C. 移动该窗口　　　　　　　　　　　D. 放大该窗口

30. 在 Windows 7 环境中,用鼠标双击一个窗口左上角的"控制菜单按钮",可以( )。

    A. 关闭该窗口   B. 移动该窗口   C. 缩小该窗口   D. 放大窗口

31. 在 Windows 7 环境中,每个窗口的"标题栏"的右边都有一个标有短横线的方块,单击它可以( )。

    A. 关闭该窗口   B. 打开该窗口

    C. 把该窗口最小化   D. 把该窗口放大

32. 菜单是 Windows 7 下的一种重要操作手段,要想执行下拉菜单中的某个操作,应( )。

    A. 通过键盘输入菜单中的该操作命令项的文字(如"打开""复制")

    B. 单击下拉菜单中的该操作命令项

    C. 选择菜单中的该操作命令项,然后按键盘上任意一键

    D. 在窗口内任意一个空白位置单击

33. 在 Windows 7 环境下的下拉菜单里,有一类操作命令项,若被选中执行时会弹出子菜单,这类命令项的显示特点是( )。

    A. 命令项本身以浅灰色显示   B. 命令项的右面有省略号(…)

    C. 命令项位于一条横线以上   D. 命令项的右面有一实心三角

34. 在 Windows 7 的"桌面"上,单击左下角的"开始"按钮,将( )。

    A. 打开资源管理器

    B. 执行一个程序,程序名称在弹出的对话框中指定

    C. 打开一个窗口

    D. 弹出 Windows 7 的开始菜单

35. 在 Windows 7 环境中,用键盘打开系统菜单,需要( )。

    A. 同时按下 Ctrl 和 Esc 键   B. 同时按下 Ctrl 和 Z 键

    C. 同时按下 Ctrl 和空格键   D. 同时按下 Ctrl 和 Shift 键

36. 在 Windows 7 中,安装一个应用程序,通常要求采用的方法是( )。

    A. 单击"系统菜单"中的"文档"项

    B. 把应用程序从软盘或 CD-ROM 光盘上直接复制到硬盘上

    C. 在"控制面板"窗口内双击"添加/删除程序"图标

    D. 在"控制面板"窗口内单击"添加/删除程序"图标

37. 在 Windows 7 环境中,当启动(运行)一个程序时就打开一个该程序自己的窗口,把运行程序的窗口最小化,就是( )。

    A. 结束该程序的运行

    B. 暂时中断该程序的运行,但随时可以由用户加以恢复

    C. 该程序的运行转入后台继续工作

    D. 中断该程序的运行,而且用户不能加以恢复

38. 在 Windows 7 环境中,任何一个最小化后放在"任务栏"中的图标按钮都代表着( )。

    A. 一个可执行程序   B. 一个正在后台执行的程序

    C. 一个在前台工作的程序   D. 一个不工作的程序窗口

39. 在 Windows 7 环境中,屏幕上可以同时打开若干个窗口,它们的排列方式是( )。

A. 只能并排　　　　　　　　　　B. 只能由系统决定,用户无法改变

C. 只能层叠　　　　　　　　　　D. 即可以并排也可以层叠,由用户选择

40. 在 Windows 7 环境中,屏幕上可以同时打开若干个窗口,但是其中只能有一个是当前活动窗口。指定当前活动窗口最简单的方法是( )。

A. 在该窗口内任意位置上单击

B. 把其他窗口都关闭,只留下一个窗口,即成为当前活动窗口

C. 在该窗口内任意位置上双击

D. 把其他窗口都最小化,只留下一个窗口,即成为当前活动窗口

41. 在 Windows 7 环境中,( )。

A. 不能再进 DOS 方式工作

B. 能再进入 DOS 方式工作,并能再返回 Windows 方式

C. 能再进入 DOS 方式工作,但不能再返回 Windows 方式

D. 能再进入 DOS 方式工作,但必须先退出 Windows 方式才行

42. 在 Windows 7 环境下的一般情况下,不能执行一个应用程序的操作是( )。

A. 单击"任务栏"中的图标按钮

B. 单击"系统菜单"中的"程序"项,然后在其子菜单中单击指定的应用程序

C. 单击"系统菜单"中的"运行"项,在弹出的对话框中指定相应的可运行程序文件全名(包括路径),然后单击"确定"按钮

D. 打开"资源管理器"窗口,在其中找到相应的可执行程序文件,双击文件名左边的小图标

43. 在下列文件名中,有一个在 Windows 7 中为非法的文件名,它是( )。

A. my file1　　　　B. class1. data　　　　C. BasicProgram　　　　D. card"01"

44. 在 Windows 7 中,一个文件路径名为:C:\93. txt,其中 93. txt 是一个( )。

A. 文本文件　　　　B. 文件夹　　　　C. 文件　　　　D. 根文件夹

45. 关于 Windows 7 的文件组织结构,下列说法中错误的一个是( )。

A. 每个子文件夹都有一个"父文件夹"

B. 磁盘上所有文件夹不能重名

C. 每个文件夹都可以包含若干"子文件夹"和文件

D. 每个文件夹都有一个名字

46. 在 Windows 7 环境中,对磁盘文件进行有效管理的一个工具是( )。

A. 写字板　　　　B. 我的公文包　　　　C. 附件　　　　D. 资源管理器

47. 在 Windows 7 桌面上,通常情况下,不能启用"计算机"的操作是( )。

A. 双击"计算机"图标

B. 右击"计算机"图标,随后在其单弹出的菜单中选择"打开"

C. 单击"计算机"图标

D. 在"资源管理器"中双击"计算机"

48. 在 Windows 7 环境中,用鼠标双击"计算机"窗口中的"软盘 A:"图标,将会( )。

A. 格式化该软盘　　　　　　　　B. 删除该软盘的所有文件

C. 显示该软盘的内容　　　　　　　　D. 把该软盘的内容复制到硬盘

49. 在 Windows 7 桌面上,不能启用"资源管理器"的操作是(　　)。

A. 右击"开始"按钮,随后在其弹出的菜单中单击"资源管理器"项

B. 右击"我的电脑"图标,随后在其弹出的菜单中单击"资源管理器"项

C. 在"我的电脑"窗口中双击"资源管理器"项

D. 单击"开始"按钮,在弹出的"系统菜单"的"程序"子菜单里单击"资源管理器"项

50. 在 Windows 7 的资源管理器窗口内,不能实现的操作为(　　)。

A. 可以同时显示出几个磁盘中各自的树形文件夹结构示意图

B. 可以同时显示出某个磁盘中几个文件夹各自下属的子文件夹树形结构示意图

C. 可以同时显示出几个文件夹各自下属的所有文件情况

D. 可以显示出某个文件夹下属的所有文件简要列表或详细情况

51. 在 Windows 7 环境中,不能用来建立新文件夹的是(　　)。

A. "我的电脑"　　　　　　　　　　　B. "开始"→"程序"

C. "开始"→"设置"　　　　　　　　　D. "资源管理器"

52. 在 Windows 7 的"资源管理器"或"我的电脑"窗口中,要选择多个不相邻的文件以便对之进行某些处理操作(如复制、移动),选择文件的方法是(　　)。

A. 用鼠标逐个单击各文件

B. 按下 Ctrl 键并保持,再用鼠标逐个单击各文件

C. 按下 Shift 键并保持,再用鼠标逐个单击各文件

D. 单击第一个文件,再用鼠标逐个右击其余各文件

53. 在 Windows 7 的"资源管理器"或"我的电脑"窗口中对文件、文件夹进行复制操作,当选择了操作对象之后,应当在"编辑"菜单标题的下拉菜单中选择"复制"命令项;然后选择复制目的磁盘或文件夹,再选择"编辑"菜单中的(　　)命令项。

A. 粘贴　　　　　B. 复制　　　　　C. 打开　　　　　D. 剪切

54. 在 Windows 7 的"资源管理器"窗口中,在同一硬盘的不同文件夹之间移动文件的操作为(　　)。

A. 选择该文件后用鼠标单击目的文件夹

B. 选择该文件后,按下鼠标左键,并拖动该文件到目的文件夹

C. 按下 Ctrl 键并保持,再鼠标拖动该文件到目的文件夹

D. 按下 Shift 键并保持,再用鼠标拖动该文件到目的文件夹

55. 在 Windows 7 环境中,选好文件或文件夹后,选择"文件"菜单中的命令项"发送",不能复制到(　　)。

A. 软盘　　　　　　B. C 盘根目录　　　C. 我的文档　　　D. 桌面快捷方式

56. 在 Windows 7 环境下,要在"我的电脑"或"资源管理器"窗口显示某一磁盘中隐藏文件,可以采用的方法是(　　)。

A. 选中某一磁盘,按右键,在其下拉菜单中操作

B. 选中某一磁盘,双击后,再在其下拉菜单中操作

C. 选中某一磁盘,单击后,再在其下拉菜单中操作

D. 选中某一磁盘,选择菜单中的"查看"→"文件夹选项",在其下拉菜单中操作

57. 在 Windows 7 环境中,要改变"计算机"或"资源管理器"窗口中一个文件夹或文件的名称,可以采用的方法是,先选取该文件夹或文件,再用鼠标左键( )。

    A. 双击该文件夹或文件的图标   B. 单击该文件夹或文件的名称

    C. 双击该文件夹或文件的名称   D. 单击该文件夹或文件的图标

58. 在 Windows 7 环境中,下列四项中,不是文件属性的是( )。

    A. 文档   B. 系统   C. 隐藏   D. 只读

59. 在 Windows 7 环境中,选择了"我的电脑"或"资源管理器"窗口中若干文件夹或文件以后,下列操作中,不能删除这些文件夹或文件的是( )。

    A. 单击"文件"菜单中相应的命令项

    B. 按键盘上的"Delete"键

    C. 右击该文件夹或文件,弹出一个快捷菜单,再单击其中相应的命令项

    D. 双击该文件夹或文件

60. Windows 7 中的"回收站"是( )的一个区域。

    A. 高速缓存中   B. 内存中   C. 软盘上   D. 硬盘上

61. 在 Windows 7 中,利用"回收站"( )。

    A. 可以在任何时候恢复以前被删除的所有文件、文件夹

    B. 只能在一定时间范围内恢复被删除的硬盘上的文件、文件夹

    C. 只能恢复刚刚被删除的文件,文件夹

    D. 可以在任何时间范围内恢复被删除磁盘上的文件、文件夹

62. 在 Windows 7 环境中,如果只记得某个文件夹或文件的名称,忘记了它的位置,那么要打开它的最简便方法是( )。

    A. 使用系统菜单中的"文档"命令项

    B. 在"我的电脑"或"资源管理器"的窗口中去浏览

    C. 使用系统菜单中的"运行"命令项

    D. 使用系统菜单中的"搜索"命令项

63. 在 Windows 7 环境中,下列文件扩展名中,属于一种文档的是( )。

    A. . sys   B. . com   C. . exe   D. . doc

64. 打开 Windows 7 中的"任务栏 属性"对话框的正确方法是( )。

    A. 将鼠标移至"任务栏"无按键处,右击,出现快捷菜单,单击其中"属性"

    B. 将鼠标移至"任务栏"无按键处,单击,出现快捷菜单,单击其中"属性"

    C. 双击"任务栏"无按键处

    D. 单击"任务栏"无按键处

65. 在 Windows 7 环境中,打开一个文档是指( )。

    A. 列出该文档名称等有关信息(类似于 DOS 下的 DIR 命令)

    B. 在相应的应用程序窗口中显示、处理该文档

    C. 在屏幕上显示该文档的内容(类似于 DOS 下的 TYPE 命令)

    D. 在应用程序中创建该文档

66. 在 Windows 7 环境中,执行"系统"菜单里的"运行"命令,并在其对话框内指定了一个文档的路径和名称(而不是指定一个程序的名称),将( )。

A. 显示出错信息　　　　　　　　　　B. 显示该文档的内容

C. 运行相关的应用程序并打开该文档　D. 显示该文档的位置(路径)

67. 在 Windows 7 环境中,用户打算把文档中已经选取的一段内容移动到其他位置上,应当先执行"编辑"菜单里的(　　)命令。

A. 复制　　　　　B. 剪切　　　　　C. 粘贴　　　　　D. 清除

68. 在 Windows 7 环境中,下列叙述正确的一条是(　　)。

A. 移动文档内容,用"剪切"后,再加"粘贴"

B. 移动文档内容,用"复制"后,再加"粘贴"

C. 移动文档内容,用"剪切"后,再加"复制"

D. 移动文档内容,用"复制"后,再加"剪切"

69. 在 Windows 7 环境中,对安装的汉字输入法进行切换的键盘操作是(　　)。

A. Ctrl ＋空格键　　B. Ctrl+Shift　　C. Shift＋空格键　　D. Ctrl+圆点

70. 在 Windows 7 环境中,鼠标在屏幕上产生的标记符号被移到一个窗口的边缘时会变为一个(　　),表明可以改变该窗口的大小。

A. 指向左上方的箭头　　　　　　　B. 双向的箭头

C. 伸出手指的手　　　　　　　　　D. 竖直的短线

71. Windows 7 的开始系统菜单内有一些项目,其中不包括(　　)命令。

A. 设置　　　　　B. 运行　　　　　C. 查找　　　　　D. 打开

72. 在 Windows 7 环境中,用鼠标左键单击"任务栏"中的一个按钮,将(　　)。

A. 使一个应用程序开始执行

B. 使一个应用程序结束运行

C. 使一个应用程序处于"前台执行"状态

D. 删除一个应用程序的图标

73. 在 Windows 7 环境中,屏幕上可以同时打开若干个窗口,但是(　　)。

A. 它们都不能工作,只有其余都最小化以后、留下一个窗口才能工作

B. 其中只能有一个在工作,其余都不能工作

C. 其中只能有一个是当前活动窗口,它的标题栏颜色与众不同

D. 它们都不能工作,只有其余都关闭、留下一个才能工作

74. 在 Windows 7 环境中,当启动(运行)一个程序时就打开一个自己的窗口,关闭运行程序的窗口,就是(　　)。

A. 结束该程序的运行

B. 暂时中断该程序的运行,但随时可以由用户加以修复

C. 该程序的运行仍然继续,不受影响

D. 使该程序的运行转入后台工作

75. 在 Windows 7 环境中,当应用程序窗口中处理一个被打开的文档后,执行"文件"菜单里的"另存为"命令,将使(　　)。

A. 该文档原先在磁盘上的文件保持原样,目前处理的最后结果以另外的文档名和路径存入磁盘

B. 该文档原先在磁盘上的文件被删除,目前处理的最后结果以另外的文档名和路径存

入磁盘

C. 该文档原先在磁盘上的文件变为目前处理的最后结果,同时该结果也以另外的文档名和路径存入磁盘

D. 该文档原先在磁盘上的文件扩展名改为.bak,目前处理的最后结果以另外的文档名和路径存入磁盘

76. 以下四项描述中有一个不是 Windows 7 的功能特点,它是( )。

A. 一切操作都通过图形用户界面,不能执行 DOS 命令

B. 可以用鼠标操作来代替许多烦琐的键盘操作

C. 提供了多任务环境

D. 不再依赖 DOS,因而也就突破了 DOS 只能直接管理 640 KB 内存的限制

77. 在 Windows 7 环境中,以下不是鼠标器的基本操作方式是( )。

A. 单击   B. 连续交替按下左右键

C. 双击   D. 拖放

78. 在 Windows 7 环境中,每个窗口的"标题栏"的右边都有一个标有空心方框的方形按钮,单击它可以( )。

A. 关闭该窗口   B. 把该窗口最大化

C. 打开该窗口   D. 把该窗口最小化

79. 在 Windows 7 环境中,展开"文件"下拉菜单,在其中的"打开"命令项的右面括弧中有一个带下画线的字母 0,此时要想执行"打开"操作,可以在键盘上按( )。

A. Shift+0 键   B. 0 键   C. Alt+0 键   D. Ctrl+0 键

80. 在 Windows 7 环境中,有些下拉菜单中有自成一组命令项,与其他项之间用一条横线隔开,单击其中一个命令项时其左面空园中会显示"."符号。这是一组( )。

A. 单选设置按钮   B. 有对话框的命令

C. 多选设置按钮   D. 有子菜单的命令

81. 在 Windows 7 环境中,通常情况下为了执行一个应用程序,可以在"资源管理器"窗口内,用鼠标( )。

A. 单击相应的可执行程序   B. 单击一个文档

C. 双击一个文档   D. 右击相应的可执行程序

82. 在中文 Windows 7 的资源管理器窗口中,要选择多个相邻的文件以便对其进行某些处理操作(如复制、移动),选择文件的方法为( )。

A. 用鼠标逐个单击各文件图标

B. 单击第一个文件图标,再用鼠标逐个右击其余各文件图标

C. 单击第一个文件图标,按下 Ctrl 键并保持,再单击最后一个文件图标

D. 单击第一个文件图标,按下 Shift 键并保持,再单击最后一个文件图标

83. 在 Windows 7 的资源管理器窗口内又分为左右两个部分,( )。

A. 左边显示指定目录里的文件信息,右边显示磁盘上的树形目录结构

B. 左边显示磁盘上的文件目录,右边显示指定文件的具体内容

C. 两边都可以显示磁盘上的树形目录结构或指定目录里的文件信息,由用户决定

D. 左边显示磁盘上的树形目录结构,右边显示指定目录里的文件信息

84. 在 Windows 7 的"资源管理器"的目录窗口中,显示着指定目录里的文件信息,其显示方式是( )。

A. 可以只显示文件名,也可以显示文件的部分或全部目录信息,由用户选择

B. 固定为显示文件的全部目录信息

C. 固定为显示文件的部分目录信息

D. 只能显示文件名

85. 下面关于快捷菜单的描述中,( )不是正确的。

A. 按 Esc 键或单击桌面或窗口上的任一空白区域,都可以退出快捷菜单

B. 快捷菜单可以显示出与某一对象相关的命令菜单

C. 选定需要操作的对象,右击,屏幕上就会弹出快捷菜单

D. 选定需要操作的对象,单击,屏幕上就会弹出快捷菜单

86. 下面关于 Windows 7 窗口的描述中( )是不正确的。

A. Windows 7 环境下的窗口中都具有标题栏

B. 在应用程序窗口中出现的其他窗口,称为文档窗口

C. 既可移动位置,又可改变大小

D. 在 Windows 7 中启动一个应用程序,就打开一个窗口

87. 在 Windows 7 环境中,若在桌面上同时打开多个窗口,则下面关于活动窗口(即当前窗口)的描述中( )是不正确的。

A. 活动窗口的标题栏是高亮度的

B. 可移动在屏幕上的位置

C. 活动窗口在任务栏上的按钮为按下状态

D. 桌面上可以同时有两个活动窗口

88. 在 Windows 7 环境下,"我的电脑"或"资源管理器"窗口的右区中,选取任意多个文件的方法是( )。

A. 选取第一个文件后,按住 Alt 键,再单击第二个、第三个……

B. 选取第一个文件后,按住 Shift 键,再单击第二个、第三个……

C. 选取第一个文件后,按住 Ctrl 键,再单击第二个、第三个……

D. 选取第一个文件后,按住 Tab 键,再单击第二个、第三个……

89. 在 Windows 7 环境中,实行( )操作,将立即删除选中的文件或文件夹,而不会将它们放入回收站。

A. 按 Shift+Del 键　　　　　　　　B. 按 Del 键

C. 在"文件"菜单中选择"删除"命令　　D. 打开快捷菜单,选择"删除"命令

90. 在 Windows 7 环境中,在"我的电脑"或"资源管理器"窗口中,使用( )可以按名称、类型、大小、日期排列右区的内容。

A. "编辑"菜单　　　　B. "文件"菜单　　　　C. 快捷菜单　　　　D. "排序方式"菜单

二、判断题(请在正确的题后括号中打√,错误的题后括号中打×。)

1. DOS 是一种系统软件,Windows 7 也是一种系统软件。　　　　　　　　　( )

2. 汉字操作系统是建立在 DOS 的基础之上的,因此,这是一种应用软件,而不是一种系统软件。　　　　　　　　　　　　　　　　　　　　　　　　　　　　( )

3. 微型计算机的热启动是依次按 Ctrl、Alt 和 Del 三个键。 （ ）

4. 同一目录下可以存放两个内容不同但文件名相同的文件。 （ ）

5. 在多级目录结构中，允许两个不同内容的文件在不同目录中具有相同的文件名。

（ ）

6. 汉字操作系统与西文操作系统不能出现在同一台计算机中。 （ ）

7. 汉字操作系统具有汉字输入、显示功能，但不能打印汉字。 （ ）

8. 文件名的通配符有"?"和"＊"，其中"?"表示任一个字符，"＊"表示任意若干个字符。

（ ）

9. Windows 7 是一个完整的集成 16 位操作系统。 （ ）

10. 在 Windows 7 环境下，一般情况下，按 F1 键可以进入随机帮助。 （ ）

11. Windows 7 提供多任务并行处理的能力。 （ ）

12. 所有在 DOS 下的应用程序在 Windows 系统下都无法运行。 （ ）

13. 在 Windows 7 环境下，也可以运行一些 DOS 应用程序。 （ ）

14. Windows 7 任务栏可以隐藏起来。 （ ）

15. Windows 7"开始"→"所有程序"栏中包含的菜单项内容对不同计算机均一样。

（ ）

16. Windows 7 中，删除操作不可以删除只读文件。 （ ）

17. 在 Windows 7 环境中，删除操作所删除的文件是不能恢复的。 （ ）

18. 对鼠标左键操作只能是单击和双击两种。 （ ）

19. Windows 7 中，"回收站"专门用于对被删除文件进行管理。 （ ）

20. 在 Windows 7 中的"资源管理器"中，只能对文件及文件夹进行管理。 （ ）

21. 在 Windows 7 中的"资源管理器"中，不仅对文件及文件夹进行管理，而且还能对计算机的硬件及"回收站"等进行管理。 （ ）

22. Windows 7 中，复制操作只能复制文件，不能复制文件夹。 （ ）

23. Windows 7，用"Ctrl＋空格"切换中英文输入。 （ ）

24. Windows 7 中，文件夹建好后，其名称和位置均不能改变。 （ ）

25. Windows 7 中，用"Shift＋空格"切换"半角/全角"。 （ ）

26. Windows 7 中，不能删除非空文件夹。 （ ）

27. Windows 7"系统工具"→"磁盘扫描程序"，可以修复某些磁盘错误。 （ ）

28. 利用 Windows 7 中的功能，可以发传真。 （ ）

29. 利用"控制面板"中的"日期/时间"项，可以获得各种格式的日期/时间。 （ ）

30. Windows 7 中，可以对双键鼠标左右键的功能进行设定。 （ ）

实验8 Word 2010 文档的输入与创建

【实验目的】

1. 掌握 Word 2010 的启动和退出，熟悉 Word 2010 的工作窗口；
2. 学会创建和保存 Word 文档；
3. 练习在 Word 2010 软件下简单编辑文本。

【实验环境】

1. 中文版 Windows 7；
2. 中文版 Word 2010。

【实验示例】

案例1：创建并保存 Word 文档。

操作步骤：

1. 打开 Word 2010，并在空白处输入以下文字。输入完毕后保存到 D 盘，并命名为"演示文稿"。在桌面上双击"Microsoft Office Word 2010"图标，即可打开 Word 2010，将输入法切换为中文输入法，然后在光标闪烁处输入以下文字。输入完毕后，单击菜单栏中"文件"→"保存"，弹出"另存为"对话框，选择 D 盘，命名为"演示文稿"后保存。

云计算时代

从 2008 年起，云计算（Cloud Computing）概念逐渐流行起来，它正在成为一个通俗和大众化（Popular）的词语。云计算被视为"革命性的计算模型"，因为它使得超级计算能力通过互联网自由流通成为可能。企业与个人用户无须再投入昂贵的硬件购置成本，只需要通过互联网来购买租赁计算力，用户只用为自己需要的功能付钱，同时消除传统软件在硬件，软件，专业技能方面的花费。云计算让用户脱离技术与部署上的复杂性而获得应用。云计算囊括了开发、架构、负载平衡和商业模式等，是软件业的未来模式。

云计算（cloud computing）是基于互联网的相关服务的增加、使用和交付模式，通常涉及通过互联网来提供动态易扩展且经常是虚拟化的资源。狭义云计算指 IT 基础设施的交付和使用模式；广义云计算指通过网络以按需、易扩展的方式获得所需服务。这种服务可以是 IT 和软件、互联网相关，也可是其他服务。

2. 设置自动保存时间为 2 分钟。单击"文件"→"选项"，弹出"Word 选项"对话框，单击左侧列表中的"保存"，在右侧"分钟"框中输入时间值 2 分钟，单击"确定"按钮。

案例2：编辑文本。

操作步骤：

1. 将标题设置为仿宋-GB2312体二号、加粗、居中。拖动鼠标选中标题(选中后为反白显示)，在"开始"选项卡中，"字体"功能组的下拉框中选择"仿宋-GB2312"，并单击"加粗"按钮，在"段落"功能组中单击"居中"按钮。

2. 将整个文档中的"互联网"替换成"因特网"。在"开始"选项卡中，"编辑"功能组上单击"替换"，弹出"查找和替换"对话框，选择"替换"选项卡，如图8-1所示，在"查找内容"后输入"互联网"，在"替换为"后输入"因特网"，单击"全部替换"按钮并关闭"查找和替换"对话框即可。

3. 将第二段文字加下画线。将鼠标指针放在第三段左边的选择区，当鼠标变成空心箭头时双击，选中第二段，在"开始"选项卡中，单击"字体"功能组右下方的箭头，弹出"字体"对话框，选择"字体"选项卡，在"下画线线型"下拉框中选择"字下加线"，单击"确定"按钮。

图8-1 "查找和替换"对话框

【实验内容】

1. 创建一空白 Word 文档，并命名为"课堂练习1"保存在 D:\student 文件夹下。

2. (1) 打开"课堂练习"Word 文档，并输入以下文字。

水资源

水是人类及一切生物赖以生存的必不可少的重要物质，是工农业生产、经济发展和环境改善不可替代的极为宝贵的自然资源。水资源(Water resources)一词虽然出现较早，随着时代进步其内涵也在不断丰富和发展。但是水资源的概念却既简单又复杂，其复杂的内涵通常表现在：水类型繁多，具有运动性，各种水体具有相互转化的特性；水的用途广泛，各种用途对其量和质均有不同的要求；水资源所包含的"量"和"质"在一定条件下可以改变；更为重要的是，水资源的开发利用受经济技术、社会和环境条件的制约。因此，人们从不同角度的认识和体会，造成对水资源一词理解的不一致和认识的差异。目前，关于水资源普遍认可的概念可以理解为人类长期生存、生活和生产活动中所需要的既具有数量要求和质量前提的水量，包括使用价值和经济价值。

广义上的水资源是指能够直接或间接使用的各种水和水中物质，对人类活动具有使用价值和经济价值的水均可称为水资源。

狭义上的水资源是指在一定经济技术条件下，人类可以直接利用的淡水。本词条中所论述的水资源限于狭义的范畴,即与人类生活和生产活动以及社会进步息息相关的淡水资源。

(2) 设置自动保存时间为 1 分钟。将标题"水资源"改为空心字(宋体、14 号、居中);将第一段(水是人类及一切生物……经济价值)右缩两个字符;将第二段首行缩进两个字符,并将段落中的汉字调整为红色。

(3) 给第三段加上着重号,并将全文文字字体调整为黑体,字号调整为"小四"。

实验9 Word 2010 文档的排版

【实验目的】

1. 掌握在 Word 2010 中设置字符格式；
2. 掌握在 Word 2010 中设置段落格式。

【实验环境】

1. 中文版 Windows 7；
2. 中文版 Word 2010。

【实验示例】

案例：设置字符格式。

操作步骤：

1. 要求将实验 8 中"演示文稿"的标题设置为黑体、二号并加圆圈。双击桌面上"计算机"→"D:\"→"演示文稿.doc"打开"演示文稿"文档，选中标题"云计算时代"，在"开始"选项卡中的"字体"功能组中，单击"字体"下拉列表框选择"黑体"，在"字号"下拉列表框中选择"二号"，单击"带圈字符"按钮。

2. 要求将第一段设置为倾斜、红色、字符边框、字符缩放比例设置为 150％。选中第一段，单击"开始"选项卡中的"字体"功能组中的"倾斜"按钮，单击"字体颜色"下拉按钮，在打开的字体颜色库中选择"红色"，单击"字符边框"按钮，在"段落"功能组中单击"中文版式"下拉按钮，在下拉菜单中选择"字符缩放"→"150％"命令。

案例 2：设置段落格式。

操作步骤：

1. 要求将标题设置为居中对齐，段后 1 行。选中标题，在"开始"选项卡中，单击"段落"功能组中的右下角的箭头，打开"段落"对话框。在"常规"栏中的"对齐方式"下拉列表框中选择"居中"，在"间距"栏的"段后"文本框中选择"1 行"，如图 9-1 所示，单击"确定"按钮。

2. 要求将第一段设置行间距为 1.75 倍行距。选定第一段，在"开始"选项卡中，单击"段落"功能组中的右下角的箭头，打开"段落"对话框。在"行距"下拉列表框中选择"多倍行距"，在右边的"设置值"文本框中选择或输入"1.75"，如图 9-2 所示，单击"确定"按钮。

3. 要求将第二段设置为段落添加边框:带阴影双实线、蓝色、0.75pt线宽,底纹图案(样式20%,颜色为黄色)。选定第二段,在"开始"选项卡中,单击"段落"功能组的边框下拉按钮,在下拉菜单中选择"边框和底纹"命令,打开"边框和底纹"对话框。选择"边框"选项卡,在"设置"下选择"阴影",在"样式"列表框中选择"双实线",在"颜色"下拉列表框中选择"蓝色",在"宽度"下拉列表框中选择"0.75磅",如图9-3所示。再选择"底纹"选项卡,在"图案"栏的"样式"下拉列表框中选择"20%",在"颜色"下拉列表框中选择"黄色",如图9-4所示,单击"确定"按钮。

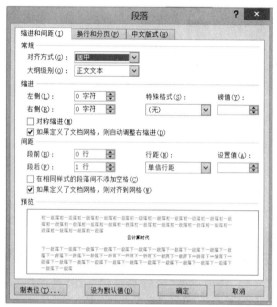

图 9-1 "段落"对话框   图 9-2 设置行间距

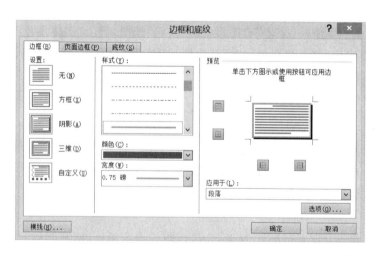

图 9-3 设置段落边框

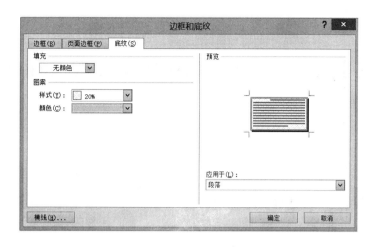

图 9-4 设置段落底纹

【实验内容】

1. 创建一空白 Word 文档,并命名为"课堂练习2",保存在 D:\student 文件夹下。
2. 在"课堂练习2"Word 文档中,输入以下文字。

国际博物馆日

1977 年 5 月 18 日是国际博物馆协会向世界宣布的第一个国际博物馆日。

约在公元前 5 世纪,在希腊的特尔费·奥林帕斯神殿里,有一座收藏各种雕塑和战利品的宝库,它被博物馆界视为博物馆的开端。在相当长的时间里,博物馆一直作为皇室贵族和少数富人观赏奇珍异宝的展览室。后来到了 18 世纪末,西欧一些国家的博物馆相继出现,并对公众开放,博物馆的文化功能才得到了新的发展,这样人们对博物馆的重视与认识逐步得到了提高。

1946 年 11 月,国际博物馆协会在法国巴黎成立。1974 年 6 月,国际博物馆协会于哥本哈根召开第 11 届会议,将博物馆定义为"是一个不追求营利,为社会和社会发展服务的公开的永久机构。它把收集、保存、研究有关人类及其环境见证物当作自己的基本职责,以便展出,公之于众,提供学习、教育、欣赏的机会。"

1971 年国际博物馆协会在法国召开大会,针对当今世界的发展,探讨了博物馆的文化教育功能与人类未来的关系。1977 年,国际博物馆协会为促进全球博物馆事业的健康发展,吸引全社会公众对博物馆事业的了解、参与和关注,向全世界宣告:1977 年 5 月 18 日为第一个国际博物馆日,并每年为国际博物馆日确定活动主题。

3. 将标题设置为小二、蓝色、楷体、居中、加菱形圈号,并添加文字黄色底纹;将每一个段落段后间距设置为 2 行,行间距设置为 2 倍行距;将第二段分为两栏,并设置为右缩进两个字符,以及首字下沉 2 行;给第三段添加紫色边框,灰色 15% 的底纹。

实验 10　Word 2010 制作表格与插入对象

【实验目的】

1. 熟练掌握表格的创建以及内容的输入；

2. 熟练掌握表格的编辑；

3. 掌握图片和文字混合排版的方法。

【实验环境】

1. 中文版 Windows 7；

2. 中文版 Word 2010。

【实验示例】

案例 1：制作如图 10-1 所示表格，完成以下要求并保存。

课程表

星期 节次	星期一	星期二	星期三	星期四	星期五
上 午					
下 午					

图 10-1　示例表格

（1）插入表格，调整表格的大小。

（2）设置表格的行高和列宽。

（3）合并与拆分单元格，实现不规则单元格的设置。

（4）设置斜线表头。在表格中输入文字，并使文字相对单元格居中对齐。

（5）为表格设置不同线型和颜色的边框，为单元格添加底纹。

（6）将文件保存到 D 盘，并命名为"表格 1"。

操作步骤：

1. 启动 Word 2010，进入 Word 2010 工作窗口。

2. 在第一行输入"课程表"，并将其设置为黑体、二号、居中。

3. 将光标移到第二行，在"插入"选项卡中，单击"表格"功能组中的"表格"，在打开的下拉菜单中选择"插入表格"命令，打开"插入表格"对话框。在"行数"后输入"8"，在"列数"后输入"6"，单击"确定"按钮。

4. 选定整张表格，在"表格工具"选项卡中，"布局"中的"单元格大小"功能组中设置"高度"为"1.5 厘米"，"宽度"为"2 厘米"。

5. 选定第 1 列的第 2～5 行，右击鼠标，在打开的快捷菜单中选择"合并单元格"命令。选定修改后的第 1 列的第 3～5 行，右击鼠标，在打开的快捷菜单中选择"合并单元格"命令。

6. 单击左上角第一个单元格，在"插入"选项卡中，单击"插图"功能组中的"形状"按钮，在打开的形状库中的"线条"区单击直线图标（斜线表头所用的斜线），在第一个单元格左上角顶点处单击并按住鼠标左键拖动至右下角顶点处，绘制出斜线表头。此时，出现"绘图工具"选项卡，在其"格式"功能组中单击"文本框"按钮，在斜线表头单元格的合适位置绘制一个文本框，输入"星"字，然后选中文本框，单击鼠标右键，在打开的快捷菜单中选择"设置形状格式"命令，打开"设置形状格式"对话框，在"填充"和"线条颜色"选项卡中选择"无填充"和"无线条"单选按钮，单击"关闭"按钮。按照同样的步骤制作出斜线表头中的"期""节""次"等字。在表格其他单元格中输入相应内容后，选定整张表格，右击鼠标，在打开的快捷菜单中选择"单元格对齐方式"命令，在打开的子菜单中选择"水平居中"按钮。

7. 在"表格工具"选项卡中，"设计"选项卡中，单击"绘图边框"功能组中的"绘制表格"按钮，在"笔样式"下拉列表框中选择"单实线"，在"笔画粗细"下拉列表框中选择"2.25 磅"，单击"笔颜色"下拉按钮，在打开的颜色库中选择"蓝色"，重画表格的外边框线。同样，在"笔样式"下拉列表框中选择"双实线"，在"笔画粗细"下拉列表框中选择"0.5 磅"，单击"笔颜色"下拉按钮，在打开的颜色库中选择"黑色"，重画表格的上午和下午的分割线。取消绘制表格样式，选定"星期一"至"星期五"所在的单元格，在"表格工具"选项卡的"设计"中的"表格样式"功能组中单击"底纹"下拉按钮，在打开的颜色库中选择"橙色"，同样的方法设置另外需要添加底纹的单元格。

8. 将文件保存到 D 盘，并命名为"表格 1"。

案例 2：图文混排。

操作步骤：

1. 在文本中插入图片。打开实验八的"演示文稿"Word 文档，将光标停留在欲插入图片的位置，这里以第一段左上角为例，在"插入"选项卡中，单击"图片"按钮，打开"插入图片"窗口，找到存储在计算机中的一幅图片，单击"插入"即可，如图 10-2 所示。

2. 设置图片版式。将文字环绕图片方式设置为上下型，并将图片居中。单击上面图片，选取图片，图片四周出现调整控点，在图片上右击鼠标，弹出快捷菜单，选择"设置图片格式"，弹出"设置图片格式"对话框，选择"版式"选项卡，单击"高级"按钮，弹出"高级版式"对

云计算时代

从 2008 年起，云计算（Cloud Computing）概念逐渐流行起来，它正在成为一个通俗和大众化（Popular）的词语。云计算被视为"革命性的计算模型"，因为它使得超级计算能力通过互联网自由流通成为了可能。企业与个人用户无需再投入昂贵的硬件购置成本，只需要通过互联网来购买租赁计算力，用户只用为自己需要的功能付钱，同时消除传统软件在硬件，软件，专业技能方面的花费。云计算让用户脱离技术与部署上的复杂性而获得应用。云计算囊括了开发、架构、负载平衡和商业模式等，是软件业的未来模式。

云计算（cloud computing）是基于互联网的相关服务的增加、使用和交付模式，通常涉及通过互联网来提供动态易扩展且经常是虚拟化的资源。狭义云计算指 IT 基础设施的交付和使用模式；广义云计算指通过网络以按需、易扩展的方式获得所需服务。这种服务可以是 IT 和软件、互联网相关，也可是其他服务。

图 10-2　插入图片

话框，选择"上下型"，单击"确定"按钮回到"版式"选项卡。在"水平对齐方式下"选择"居中"，最后单击"确定"按钮。结果如图 10-3 所示。

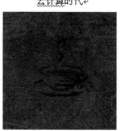

云计算时代

从 2008 年起，云计算（Cloud Computing）概念逐渐流行起来，它正在成为一个通俗和大众化（Popular）的词语。云计算被视为"革命性的计算模型"，因为它使得超级计算能力通过互联网自由流通成为了可能。企业与个人用户无需再投入昂贵的硬件购置成本，只需要通过互联网来购买租赁计算力，用户只用为自己需要的功能付钱，同时消除传统软件在硬件，软件，专业技能方面的花费。云计算让用户脱离技术与部署上的复杂性而获得应用。云计算囊括了开发、架构、负载平衡和商业模式等，是软件业的未来模式。

云计算（cloud computing）是基于互联网的相关服务的增加、使用和交付模式，通常涉及通过互联网来提供动态易扩展且经常是虚拟化的资源。狭义云计算指 IT 基础设施的交付和使用模式；广义云计算指通过网络以按需、易扩展的方式获得所需服务。这种服务可以是 IT 和软件、互联网相关，也可是其他服务。

图 10-3　设置图片版式

【实验内容】

1. 制作如图 10-4 所示表。要求：将表格居中，表格中所有中文的格式设置为华文新魏，英文字体为 Times New Roman，小四号，在单元格中居中。将表格外框线改为 1.5 磅实线,内框线改为 0.75 磅单实线。将列宽和行距调整到合适的大小。

2. 打开实验 9 中创建的 Word 文档"课堂练习 2",在文章末尾处任意插入一幅图片,与文字的关系为居中、四周型,并插入艺术字"课堂练习 2"。

<table>
<tr><td colspan="4" align="center">散客订餐单
DINNER ORDER FORM　No.</td></tr>
<tr><td colspan="2" align="center">房号
Room No.</td><td align="center">姓名
Name</td><td align="center">国籍
Nationality</td></tr>
<tr><td colspan="2"></td><td></td><td></td></tr>
<tr><td colspan="2" align="center">酒家
Name of restaurant</td><td colspan="2"></td></tr>
<tr><td colspan="2" align="center">用膳日期时间
Date & Time</td><td colspan="2"></td></tr>
<tr><td align="center">人数
Persons</td><td></td><td align="center">台数
Tables</td><td></td></tr>
<tr><td colspan="2" align="center">每人(台)标准
Price for each
Person(table)</td><td colspan="2"></td></tr>
<tr><td colspan="2" align="center">有何特殊要求
Special Preferences
Price</td><td colspan="2"></td></tr>
<tr><td align="center">处
理
情
况</td><td colspan="3">酒家承办人:

　　　　　　　　　　　经手人:
　　　　　　　　　年　月　日</td></tr>
</table>

图 10-4　练习表格

实验 11 Word 2010 的页面设置和高级应用

【实验目的】

1. 学会在 Word 2010 中进行图文混排；
2. 练习在 Word 2010 中使用邮件合并技术。

【实验环境】

1. 中文版 Windows 7；
2. 中文版 Word 2010。

【实验示例】

案例 1：创建应用样。

（1）样式常用在文档中重复使用的固定格式中。如写毕业论文时，通常是学校要先制定出统一的论文样式，而后学生都按照此格式来编写论文，以达到所有学生写的论文具有统一的格式。

（2）设置下列文档的样式，并在文档中应用此样式。样式名分别为"一级标题""二级标题""三级标题""四级标题"。其中"一级标题"的格式为字体为黑体、小二号、加粗、居中。"二级标题"格式为字体为黑体、小三号、加粗、居中。"三级标题"格式为字体黑体、小四号、加粗、左对齐。"四级标题"格式为字体宋体、五号、首行缩进两个字符。

第三章　系统需求分析

3.1　系统功能需求

3.1.1　基本信息管理

基本信息管理包括：添加供应商信息、添加服装信息、维护供应商信息和维护服装信息等具体功能。

基本信息管理是系统实现对供应商、客户以及服装信息进行基本操作的子用例。它实现了用户或者管理员对服装、供应商或者客户信息的增、删、改、查。

操作步骤：

（1）启动 Word 2010，进入 Word 2010 工作窗口。

（2）将上述内容输入到 Word 文档中。选定文字"第三章 系统需求分析"，右击鼠标，在打开的快捷菜单中选择"样式"→"将所选内容保存为新快速样式"，弹出"根据格式设置新样式"对话框，如图 11-1 所示。

（3）在名称框下输入"一级标题"，单击"修改"按钮，弹出"修改样式"对话框。

（4）在"修改样式"对话框中，将字体设置为黑体、小二号、加粗、居中，单击"确定"按钮，如图 11-2 所示。

图 11-1　创建新样式对话框

图 11-2　修改样式对话框

（5）按以上步骤建立样式"二级标题""三级标题""四级标题"。

案例 2：使用邮件合并技术制作信封。

Word 2010 的邮件合并技术提供了非常方便的中文信封制作功能，只要通过几个简单的步骤，就可以制作出既漂亮又标准的信封。

操作步骤：

（1）打开 Excel 2010，在其中输入如图 11-3 所示内容，以"地址簿"为文件名保存到 D 盘。

（2）打开 Word 2010，在"邮件"选项卡中，单击"创建"选项组中的"中文信封"按钮，打开"信封制作向导"对话框，开始创建信封。

（3）单击"下一步"按钮，在"信封样式"下拉列表框中选择信封的样式，并根据实际需要选中或取消选中有关信封样式的复选框。

姓名	地址	邮政编码
胡成款	北京东路223号	000000
阮迎贤	南京西路150号	000000
刘群	孺子路223号	000000
张文荣	翠华街223号	000000
李辉	北京东路102号	000000

图 11-3 地址簿

（4）单击"下一步"按钮，选择生成信封的方式和数量，本例选中"基于地址簿文件，生成批量信封"单选按钮，单击"下一步"按钮。

（5）在"从文件中获取并匹配收信人信息"下单击"选择地址簿"按钮，打开"打开"对话框，在"打开"按钮上方的列表框中选择"Excel"，在对话框中选择包含收信人信息的地址簿文件，即步骤（1）保存在 D 盘的地址簿 Excel 文件，然后单击"打开"按钮，返回到"信封制作向导"对话框。

（6）在"地址簿中的对应项"区域中的下拉列表框中，分别选择与收信人信息匹配的字段，本例题中选择"姓名""地址""邮政编码"，如图 11-4 所示。

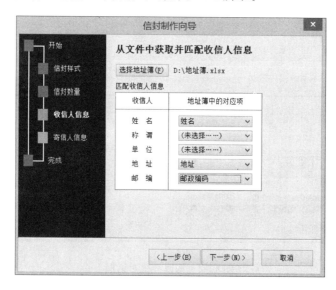

图 11-4 地址簿中的对应项

（7）单击"下一步"按钮，在"信封制作向导"中输入寄信人信息。按照向导中的提示，分别输入寄信人的姓名、单位、地址和邮编。然后，单击"下一步"按钮，进入"信封制作向导"的最后一个步骤，单击"完成"按钮，关闭"信封制作向导"对话框，这样 Word 就生成了多个标准的信封。

【实验内容】

给家长的一封信

尊敬的_____同学家长：

    寒假来临，祝您身体健康、新春快乐、万事如意！

您的孩子已在我系顺利完成了一个学期的学习,感谢您对我系学生工作的大力支持与配合!现将____同学本学期期末考试的成绩单寄给您。如果您的孩子本学期有不及格的课程,请您督促他在假期中认真复习,作好开学补考的准备。如果您在教育和培养孩子方面有什么建议,请您及时与辅导员取得联系,或者将建议以书面方式邮寄我系。

谢谢您的支持与配合!

信息学科部计算机系

2014-12-30

1. 打开实验9的"课堂练习2"Word文档,将文档上、下、左、右页边距设置为3厘米。指定每行为20个字符,并将全文分为两栏。

2. 加入页眉"国际博物馆日"并右对齐,加入页脚插入页码并居中。

3. 对上述信件内容制作套用信函。学生信息表如表11-1所示。

表11-1　计算机系学生通讯录

学号	姓名	专业	联系电话
1	胡成款	计算机科学与技术	13807919199
2	阮迎贤	计算机科学与技术	13979137999
3	刘群	软件工程	13707984699
4	张文荣	软件工程	13979160299
5	李辉	电子商务	13694837499

4. 设置下列文本的样式,其中样式名分别为"目录1""目录2""目录3",其中"目录1"的格式为字体为黑体、二号、加粗、倾斜、居中;"目录2"格式为字体为黑体、小三号、加粗、左对齐;"目录3"格式为字体黑体、小四号、加粗、左对齐,并将所设置的样式应用于文本。

第四章　系统设计

4.1　系统主要功能模块设计

4.1.1　系统结构设计

4.1.2　系统主要模块类设计

4.2　数据库设计

4.2.1　逻辑结构设计

4.2.2　物理表设计

实验 12　Word 2010 基础知识练习

【实验目的】

掌握本章的基础知识,学会在计算机上做习题方法,为今后各种考核作准备。

【实验环境】

1. 中文版 Windows 7;
2. 中文版 Word 2010。

【实验方法】

把老师提供的"Word 2010 基础知识"试题的 Word 文档复制到自己工作计算机上,打开该文档,仔细阅读每道题目,把每题的正确答案填写到该题目中的括号中。做完后保存好自己的文档(最好用自带的 U 盘保存),课堂上最后 10 分钟再与老师给的参考答案核对,修改后保存。

【实验内容】

Word 2010 基础知识习题

一、下列习题都是单选题,请选择 A、B、C、D 中的一个字母写到本题的括号中。

1. 在 Word 2010 中,为打开同一目录下两个非连续的文件,在打开对话框中,其选择方式是(　　)。

A. 单击第一个文件,Shift+单击第二个文件

B. 单击第一个文件,Ctrl+单击第二个文件

C. 双击第一个文件,Shift+双击第二个文件

D. 单击第一个文件,Ctrl+双击第二个文件

2. 在 Word 2010 编辑状态下,若要进行选定文本行间距的设置,应该选择的操作是(　　)。

A. 单击"编辑"→"格式"　　　　　　　B. 单击"格式"→"段落"

C. 单击"编辑"→"段落"　　　　　　　D. 单击"格式"→"字体"

3. 在编辑文章时,要将第五段移到第二段前,可先选中第五段文字,然后(　　)。

A. 单击"剪切",再把插入点移到第二段开头,单击"粘贴"

B. 单击"粘贴",再把插入点移到第二段开头,单击"剪切"

C. 把插入点移到第二段开头,单击"剪切",再单击"粘贴"

D. 单击"复制",再把插入点移到第二段开头,单击"粘贴"

4. 在 Word 编辑状态下,使用超级链接可以使用(　　)。

A. 工具选项卡中的命令　　　　　　　B. 编辑选项卡中的命令

C. 格式选项卡中的命令　　　　　　　D. 插入选项卡中的命令

5. 页面设置对话框中不能设置(　　)。

A. 纸张大小　　　B. 页边距　　　C. 打印范围　　　D. 正文横排或竖排

6. 在使用 Word 文本编辑软件时,可在标尺上直接进行的是(　　)操作。

A. 嵌入图片　　　B. 对文章分栏　　　C. 段落首行缩进　　　D. 建立表格

7. Word 中显示有页号、节号、页数、总页数等的是(　　)。

A. 常用工具栏　　　B. 菜单栏　　　C. 格式工具栏　　　D. 状态栏

8. 使用常用工具栏的按钮,可以直接进行的操作是(　　)。

A. 嵌入图片　　　B. 对文章分栏　　　C. 插入表格　　　D. 段落首行缩进

9. 在哪种视图模式下,首字下沉和首字悬挂无效?(　　)

A. 页面　　　B. 普通　　　C. Web　　　D. 全屏显示

10. Word 2010 主窗口的标题栏最右边显示的按钮是(　　)。

A. 最小化　　　B. 还原　　　C. 关闭　　　D. 最大化

11. "页面设置"命令在哪个选项卡中?(　　)

A. "文件"选项卡　　　　　　　B. "插入"选项卡

C. "开始"选项卡　　　　　　　D. "引用"选项卡

12. "样式"命令在哪个选项卡上?(　　)

A. 文件　　　B. 页面布局　　　C. 开始　　　D. 邮件

13. 若要在打印文档之前预览,应使用的命令是(　　)。

A. "开始"→"段落"　　　　　　　B. "插入"→"书签"

C. "页面布局"→"页面边框"　　　　　D. "文件"→"打印"

14. 在 Word 中,为了选择一个完整的行,用户应把鼠标指针移到行左侧的选定栏,出现斜向箭头后,(　　)。

A. 单击鼠标左键　　　　　　　B. 双击鼠标左键

C. 三击鼠标左键　　　　　　　D. 单击鼠标右键

15. 在 Word 中,以下说法正确的是(　　)。

A. Word 中可将文本转化为表,但表不能转成文本

B. Word 中可将表转化为文本,但文本不能转成表

C. Word 中文字和表不能互相转化

D. Word 中文字和表可以互相转化

16. "减少缩进量"和"增加缩进量"调整的是(　　)。

A. 全文的左缩进　　　　　　　B. 右缩进

C. 选定段落的左缩进　　　　　　　D. 所有缩进

17. 在 Word 2010 编辑状态,执行两次"复制"操作后,则剪贴板中(　　　)。

A. 仅有第一次被复制的内容　　　　B. 仅有第二次被复制的内容

C. 有两次被复制的内容　　　　　　D. 无内容

18. 有关 Word 2010"打印预览"窗口,说法错误的是(　　　)。

A. 此时不可插入表格　　　　　　　B. 此时可全屏显示

C. 此时可调整页边距　　　　　　　D. 可以单页或多页显示

19. 如果想在 Word 主窗口中显示标尺,应当使用的选项卡是(　　　)。

A. "开始"选项卡　　　　　　　　　B. "视图"选项卡

C. "引用"选项卡　　　　　　　　　D. "插入"选项卡

20. 在使用 Word 文本编辑软件时,为了选定文字,可先把光标定位在起始位置,然后按住(　　　),并用鼠标单击结束位置。

A. 控制键 Ctrl　　　　B. 组合键 Alt　　　　C. 换档键 Shift　　　　D. 退格键 Esc

21. 在 Word 文档中创建图表的正确方法有(　　　)。

A. 使用"格式"工具栏中的"图表"按钮　　B. 根据文档中的文字生成图表

C. 使用"插入"菜单中的"对象"　　　　　D. 使用"表格"菜单中的"图表"

22. 在 Word 编辑状态,先后打开了 d1.doc 文档和 d2.doc 文档,则(　　　)。

A. 可以使两个文档的窗口都显现出来

B. 只能显现 d2.doc 文档的窗口

C. 只能显现 d1.doc 文档的窗口

D. 打开 d2.doc 后两个窗口自动并列显示

23. 在 Word 编辑状态,进行"打印"操作,应当使用的菜单是(　　　)。

A. "编辑"菜单　　　　B. "文件"菜单　　　　C. "视图"菜单　　　　D. "工具"菜单

24. 在 Word 的菜单中,经常有一些命令是暗淡的,这表示(　　　)。

A. 这些命令在当前状态不起作用　　　B. 系统运行故障

C. 这些命令在当前状态下有特殊效果　　D. 应用程序本身有故障

25. 在(　　　)视图下,可以显示分页效果。

A. 普通　　　　　　B. Web 版式　　　　C. 页面　　　　　　D. 大纲

26. 在 Word 的编辑状态,文档窗口显示出水平标尺,拖动水平标尺上沿的"首行缩进"滑块,则(　　　)。

A. 文档中各段落的首行起始位置都重新确定

B. 文档中被选择的各段落首行起始位置都重新确定

C. 文档中各行的起始位置都重新确定

D. 插入点所在行的起始位置被重新确定

27. 在 Word 的编辑状态,当前编辑的文档是 C 盘中的 d1.doc 文档,要将该文档复制到优盘,应当使用(　　　)。

A. "文件"选项卡中的"另存为"命令　　　B. "文件"选项卡中的"保存"命令

C. "文件"选项卡中的"新建"命令　　　　D. "插入"选项卡中的"书签"命令

28. 若要进入页眉页脚编辑区,可以单击( )选项卡,再选择"页眉"或"页脚"按钮。

A. 文件 B. 插入 C. 编辑 D. 格式

29. 在 Word 编辑状态,可以使插入点快速移到文档首部的组合键是( )。

A. Ctrl＋Home B. Alt＋Home C. Home D. PageUp

30. 在 Word 的编辑状态,打开了一个文档,进行"保存"操作后,该文档( )。

A. 被保存在原文件夹下 B. 可以保存在已有的其他文件夹下

C. 可以保存在新建文件夹下 D. 保存后文档被关闭

31. 进入 Word 后,打开了一个已有文档 W1.doc,又进行了"新建"操作,则( )。

A. W1.doc 被关闭 B. W1.doc 和新建文档均处于打开状态

C. "新建"操作失败 D. 新建文档被打开但 W1.doc 被关闭

32. 在 Word 中,要想对全文档的有关信息进行快速准确的替换,可以使用"查找和替换"对话框,以下方法中( )是错误的。

A. 使用"文件"选项卡中的"替换"命令 B. 使用"开始"选项卡中的"查找"命令

C. 使用"开始"选项卡中的"替换"命令 D. 使用"开始"选项卡中的"定位"命令

33. 在 Word 编辑状态,包括能设定文档行间距命令的菜单是( )。

A. "文件"选项卡 B. "窗口"选项卡

C. "开始"选项卡 D. "工具"选项卡

34. 在 Word 中,可以显示水平标尺的两种视图模式是( )。

A. 普通模式和页面模式 B. 普通模式和大纲模式

C. 页面模式和大纲模式 D. 大纲模式和 Web 版式

35. 单击 Word 主窗口标题栏右边显示的"最小化"按钮后( )。

A. Word 的窗口被关闭

B. Word 的窗口最小化为任务栏上一按钮

C. Word 的窗口关闭,变成窗口图标关闭按钮

D. 被打开的文档窗口关闭

36. 在 Word 2010 编辑状态,执行两次"剪切"操作,则剪贴板中( )。

A. 仅有第一次被剪切的内容 B. 仅有第二次被剪切的内容

C. 有两次被剪切的内容 D. 无内容

37. 在 Word 的编辑状态打开了一个文档,对文档作了修改,进行"关闭"文档操作后( )。

A. 文档被关闭,并自动保存修改后的内容

B. 文档不能关闭,并提示出错

C. 文档被关闭,修改后的内容不能保存

D. 弹出对话框,并询问是否保存对文档的修改

38. 在 Word 的编辑状态,选择了一个段落并设置段落的"首行缩进"设置为 1 厘米,则( )。

A. 该段落的首行起始位置距页面的左边距 1 厘米

B. 文档中各段落的首行只由"首行缩进"确定位置

C. 该段落的首行起始位置距段落的"左缩进"位置的右边 1 厘米

D. 该段落的首行起始位置在段落"左缩进"位置的左边 1 厘米

39. 在 Word 的编辑状态,打开了"W1.doc"文档,把当前文档以"W2.doc"为名进行"另存为"操作,则(   )。

A. 当前文档是 W1.doc   B. 当前文档是 W2.doc

C. 当前文档是 W1.doc 与 W2.doc   D. W1.doc 与 W2.doc 全被关闭

40. 在 Word 的编辑状态,选择了文档全文,若在"段落"对话框中设置行距为 20 磅的格式,应当选择"行距"列表框中的(   )。

A. 单倍行距   B. 1.5 倍行距   C. 固定值   D. 多倍行距

41. 在 Word 的编辑状态,当前编辑文档中的字体全是宋体字,选择了一段文字使之成反显状,先设定了楷体,又设定了仿宋体,则(   )。

A. 文档全文都是楷体   B. 被选择的内容仍为宋体

C. 被选择的内容变为仿宋体   D. 文档的全部文字的字体不变

42. 在 Word 的编辑状态,选择了整个表格,执行了表格菜单中的"删除行"命令,(   )。

A. 整个表格被删除   B. 表格中一行被删除

C. 表格中一列被删除   D. 表格中没有被删除的内容

43. 如果要改变字间距,可以(   )。

A. 在"编辑"选项卡中选择"段落"命令

B. 在"格式"选项卡中选择"段落"命令

C. 在"视图"选项卡中选择"字体"命令

D. 右击选定的文本,在弹出的快捷菜单中选择"字体"命令

44. 在 Word 的编辑状态,要模拟显示打印效果,应当选择(   )。

A. 字体   B. 打印预览   C. 段落   D. 打印

45. 在 Word 的编辑状态,为文档设置页码,可以使用(   )。

A. "工具"菜单中的命令   B. "编辑"菜单中的命令

C. "格式"菜单中的命令   D. "插入"菜单中的命令

46. 设定打印纸张大小时,应当使用的命令是(   )。

A. "文件"菜单中的"打印预览"命令   B. "文件"菜单中的"页面设置"命令

C. "视图"菜单中的"工具栏"命令   D. "视图"菜单中的"页面"命令

47. 在 Word 的编辑状态,执行"编辑"菜单中的"粘贴"命令后(   )。

A. 被选择的内容移到插入点处   B. 被选择的内容移到剪贴板处

C. 剪贴板中的内容移到插入点处   D. 剪贴板中的内容复制到插入点处

48. 如果选择的打印页码为 4～10,16,20,则表示打印的是(   )。

A. 第 4 页,第 10 页,第 16 页,第 20 页   B. 第 4 页至第 10 页,第 16 页至第 20 页

C. 第 4 页至第 10 页,第 16 页,第 20 页   D. 第 4 页,第 10 页,第 16 页至第 20 页

49. 在 Word 的编辑状态,连续进行了两次"插入"操作,当单击一次"撤销"按钮后(   )。

A. 将两次插入的内容全部取消　　　　B. 将第一次插入的内容全部取消

C. 将第二次插入的内容全部取消　　　　D. 两次插入的内容都不被取消

50. 在 Word 的编辑状态,利用下列哪个菜单中的命令可以选定单元格(　　　)。

A. "表格"菜单　　　B. "工具"菜单　　　C. "格式"菜单　　　D. "插入"菜单

51. 选择了文本后,按 Del 键将选择的文本(　　　)。

A. 删除并存入剪贴板　　　　　　　　B. 删除

C. 不删除但存入剪贴板　　　　　　　D. 按复制按钮可恢复

52. 在 Word 的编辑状态,按先后顺序依次打开了 d1. doc、d2. doc、d3. doc、d4. doc 四个文档,当前的活动窗口是哪个文档的窗口(　　　)。

A. d1. doc 的窗口　　　　　　　　　B. d2. doc 的窗口

C. d3. doc 的窗口　　　　　　　　　D. d4. doc 的窗口

53. Word 具有分栏功能,下列关于分栏的说法中正确的是(　　　)。

A. 最多可以设 4 栏　　　　　　　　　B. 各栏的宽度必须相同

C. 各栏的宽度可以不同　　　　　　　D. 各栏不同的间距是固定的

54. 在 Word 的编辑状态,执行编辑菜单中"复制"命令后(　　　)。

A. 被选择的内容被复制到插入点处

B. 被选择的内容被复制到剪贴板

C. 插入点所在的段落内容被复制到剪贴板

D. 光标所在的段落内容被复制到剪贴板

55. 在 Word 中"打开"文档的作用是(　　　)。

A. 将指定的文档从内存中读入,并显示出来

B. 为指定的文档打开一个空白窗口

C. 将指定的文档从外存中读入,并显示出来

D. 显示并打印指定文档的内容

56. Word 的"文件"命令菜单底部显示的文件名所对应的文件是(　　　)。

A. 当前被操作的文件　　　　　　B. 当前已经打开的所有文件

C. 最近被操作过的文件　　　　　　D. 扩展名是. doc 的所有文件

57. 在 Word 的编辑状态,设置了一个由多个行和列组成的空表格,将插入点定在某个单元格内,用鼠标单击"表格"命令菜单中的"选定行"命令,再用鼠标单击"表格"命令菜单中的"选定列"命令,则表格中被"选择"的部分是(　　　)。

A. 插入点所在的行　　　　　　　B. 插入点所在的列

C. 一个单元格　　　　　　　　　D. 整个表格

58. 当前活动窗口是文档 d1. doc 的窗口,单击该窗口的"最小化"按钮后(　　　)。

A. 不显示 d1. doc 文档内容,但 d1. doc 文档并未关闭

B. 该窗口和 d1. doc 文档都被关闭

C. d1. doc 文档未关闭,且继续显示其内容

D. 关闭了 d1. doc 文档但该窗口并未关闭

59. 在使用 Word 文本编辑软件时,要迅速将插入点定位到第一个"计算机"一词,可使用查找和替换对话框(　　　)。

    A. 替换　　　　　　B. 设备　　　　　　C. 查找　　　　　　D. 定位

60. 在使用 Word 文本编辑软件时,插入点位置是很重要的,因为文字的增删都将在此处进行。现在要删除一个字,当插入点在该字的前面时,应该按(　　　)。

    A. 退格键　　　　　B. 删除键　　　　　C. 空格键　　　　　D. 回车键

61. Word 中,如果用户错误地删除了文本,可用常用工具栏中的(　　　)按钮将被删除的文本恢复到屏幕上。

    A. 剪切　　　　　　B. 粘贴　　　　　　C. 撤销　　　　　　D. 恢复

62. 在使用 Word 文本编辑软件时,要将光标直接定位到文件末尾,可用(　　　)键。

    A. Ctrl＋PageUP　　　　　　　　　　B. Ctrl＋PageDoWn

    C. Ctrl＋Home　　　　　　　　　　　D. Ctrl＋End

63. 文字处理软件 Word 2010 中的"文件"命令菜单底部所列的文件名对应的是(　　　)。

    A. 当前被操作的文件　　　　　　　　B. 当前已经打开的所有文件

    C. 最近被操作的文件　　　　　　　　D. 扩展名为 .doc 的所有文件

64. Word 2010 文档扩展名的缺省类型是(　　　)。

    A. DOC　　　　　　B. DOT　　　　　　C. WRD　　　　　　D. TXT

65. 要在 Word 2010 的文档中插入数学公式,在"插入"菜单中应选择的命令是(　　　)。

    A. "符号"　　　　　B. "图片"　　　　　C. "文件"　　　　　D. "对象"

66. 下列选项不属于 Word 2010 窗口组成部分的是(　　　)。

    A. 标题栏　　　　　B. 对话框　　　　　C. 菜单栏　　　　　D. 状态栏

67. 在 Word 2010 中,调整文本行间距应选择(　　　)。

    A. "格式"菜单中的"字体"中的"行距"　　B. "格式"菜单中的"段落"中的"行距"

    C. "视图"菜单中的"标尺"　　　　　　　D. "格式"菜单中的"边框和底纹"

68. 在 Word 编辑状态下,将整个文档选定的快捷键是(　　　)。

    A. "Ctrl＋A"　　B. "Ctrl＋C"　　　C. "Ctrl＋V"　　　D. "Ctrl＋X"

69. 设置字符格式,如字体、字号、字形等,可用以下哪种操作(　　　)。

    A. "格式"工具栏中的相关图标　　　　B. "常用"工具栏中的相关图标

    C. "格式"菜单中的"中文版式"选项　　D. "格式"菜单中的"段落"选项

70. Word 2010 具有的功能是(　　　)。

    A. 表格处理　　　　B. 绘制图形　　　　C. 自动更正　　　　D. 以上三项都是

71. 在 Word 编辑状态下进行"替换"操作时,应当使用的命令菜单是(　　　)。

    A. "工具"菜单　　　B. "编辑"菜单　　　C. "格式"菜单　　　D. "插入"菜单

72. 在 Word 编辑状态下,打开一个文档进行"保存"操作后,该文档(　　　)。

    A. 被保存在原文件夹下　　　　　　　B. 可以保存在已有的其他文件夹下

    C. 可以保存在新建文件夹下　　　　　D. 保存后文档被关闭

73. 在 Word 编辑状态打开一个文档,对文档作了修改,进行"关闭"文档操作后是(　　　)。

A. 文档被关闭,并自动保存修改后的内容

B. 文档不能关闭,并提示出错

C. 文档被关闭,修改后的内容不能被保存

D. 弹出对话框,并询问是否保存对文档的修改

74. 在 Word 的编辑状态,若打开文档 ABC,修改后另存为 CBA,则文档 ABC( )。

A. 被文档 CBA 覆盖　　　　　　　B. 被修改未关闭

C. 被修改并关闭　　　　　　　　D. 未修改被关闭

75. 在 Word 编辑状态下,选择了当前文档的一个段落进行"清除"操作,则( )。

A. 该段落被删除且不能恢复

B. 该段落被删除,但能恢复

C. 能利用"回收站"恢复被删除的该段落

D. 该段落被移到"回收站"

76. 在 Word 编辑状态,将剪贴板上的内容粘贴到当前光标处,使用的快捷键是( )。

A. "Ctrl+X"　　B. "Ctrl+V"　　C. "Ctrl+C"　　D. "Ctrl+A"

77. 在 Word 编辑状态下,为文档设置页码,可以使用( )。

A. "工具"菜单中的命令　　　　　B. "编辑"菜单中的命令

C. "格式"菜单中的命令　　　　　D. "插入"菜单中的命令

78. 在文字处理软件 Word 中,样式就是一组已命名的( )。

A. 字符、表格和段落格式的组合　　B. 字符格式的组合

C. 段落格式的组合　　　　　　　D. 字符和段落格式的组合

79. 在 Word 中,可利用( )很直观地改变段落的缩进方式、调整左右边界、改变表格的栏宽。

A. 菜单栏　　　B. 工具栏　　　C. 格式栏　　　D. 标尺

80. 在 Word 2010 中,若要使文档内容横向打印,在"页面设置"中应选择的标签是( )。

A. "纸型"　　B. "纸张来源"　　C. "版面"　　D. "页边距"

81. 在 Word 编辑状态下,在文档每一页底端插入注释,应该插入何种注释?( )

A. 尾注　　B. 题注　　C. 脚注　　D. 批注

82. 在 Word 编辑状态下,选择了整个表格,并执行"表格"菜单是的"删除行"命令,则( )。

A. 整个表格被删除　　　　　　　B. 表格中一行被删除

C. 表格中一列被删除　　　　　　D. 表格中没有被删除的内容

83. 正确退出 Word 2010 的键盘操作为( )。

A. Shift+F4　　B. Alt+F4　　C. Ctrl+F4　　D. Ctrl+Esc

84. Word 2010 中,一般常用的两个工具栏是( )。

A. 格式、绘图　　B. 常用、窗体　　C. 常用、格式　　D. 绘图、窗体

85. 如果想在 Word 2010 中显示"常用工具栏",应当使用的菜单是( )。

A．"工具"菜单 　　　B．"格式"菜单 　　　C．"视图"菜单 　　　D．"窗口"菜单

86．启动中文 Word 2010 后,空白文档的名字为(　　　)。

A．新文档.doc 　　B．文档1.doc 　　C．文档.doc 　　D．我的文档.doc

87．在 Word 2010 文档中,进行文本格式化的最小单元是(　　　)。

A．数字 　　　　B．字符 　　　　C．单个字母 　　　　D．单个汉字

88．在 Word 2010 中,可以看到页眉和页脚的"视图"方式是(　　　)。

A．普通视图 　　　B．联机版式 　　　C．页面视图 　　　D．大纲视图

89．在 Word 2010 中,视图方式有 4 种,分别为页面视图、阅读版式视图、大纲视图和(　　　)视图。

A．Web 版式 　　　B．联机版式 　　　C．连接版式 　　　D．演示版式

90．在 Word 2010 中,可以一次打开多个文件,选择连续多个文件时,可用键盘上(　　　)键配合鼠标使用。

A．Ctrl 　　　　B．Alt 　　　　C．Shift 　　　　D．Tab

二、判断题(请在正确的题后括号中打√,错误的题后括号中打×。)

1．页码的外观不能用"字体"命令改变。　　　　　　　　　　　　　　(　　)

2．用户自定义的项目符号既可以是图片,也可以是特殊符号。　　　　(　　)

3．一行中不能有多于一个的项目编号。　　　　　　　　　　　　　　(　　)

4．给段落加边框,其四边均可不同。　　　　　　　　　　　　　　　(　　)

5．Word 2010 中"＄、♯"不可定义为项目符号。　　　　　　　　　　(　　)

6．在"自动套用格式"中,将会把段落前键入的空格左缩进。　　　　　(　　)

7．网格线只有在页面方式下才可以显示出来。　　　　　　　　　　　(　　)

8．在 Word 2010 中,可以通过"页面设置"对话框中的"版式"选项来自定义纸张大小。

　　　　　　　　　　　　　　　　　　　　　　　　　　　　　　(　　)

9．在设置制表位时,只能利用"格式"菜单中的"制表位"命令。　　　(　　)

10．Word 2010 中的分栏命令分出的都是等宽的栏。　　　　　　　　(　　)

11．若要进行输入法之间的切换,可以在任务栏上的下拉式菜单中选择,也可按"Ctrl ＋Alt"键。　　　　　　　　　　　　　　　　　　　　　　　　　　　　(　　)

12．"表格"菜单中的"表格自动套用格式"命令中,可对应用的格式进行改变。　(　　)

13．在 Word 2010 中能够打开 Excel 文件,并且能够以 Excel 形式保存它。　(　　)

14．"首行缩进"只能使所有段落首行保持统一格式。　　　　　　　　(　　)

15．在 Word 2010 中,不能调用 PowerPoint 演示文稿和幻灯片文件。　(　　)

16．用样式管理器可以删除内置样式。　　　　　　　　　　　　　　(　　)

17．拖动文档中对象时,先按"Shift"键,即可限制该对象只能横向或纵向移动。(　　)

18．利用"Ctrl＋F3"可以实现文本的复制。　　　　　　　　　　　(　　)

19．在 Word 2010 中,按住"Shirt"键可以选择不连续的文本内容。　(　　)

20．设定好一个工作簿中所包含的工作表个数后,不能再添加工作表。　(　　)

21．在 Word 2010 中,文档可以重命名。　　　　　　　　　　　　(　　)

22. 在 Word 2010 中,可以给表格添加背景图像。 （ ）

23. 在 Word 2010 中,单击"文件"→"打印"按钮可以直接进行打印,而不会弹出"打印"窗口。 （ ）

24. 中文 Word 2010 是硬件。 （ ）

25. 在 Word 2010 的文档窗口进行最小化操作会将指定的文档关闭。 （ ）

26. 第一次保存文件时,将出现"保存"对话框。 （ ）

27. 在 Word 2010 中用于编辑和显示文档内容的是文档编辑区。 （ ）

28. 在 Word 2010 中要使文字居中,可单击"字体"中的按钮。 （ ）

29. 用 Word 2010 进行编辑时,要将选定区域的内容放到的剪贴板上,可单击剪贴板组中的"剪切"或"复制"。 （ ）

30. 打印预览时,打印机必须是已经开启的。 （ ）

实验 13　Excel 2010 的基本操作

【实验目的】

1. 熟练掌握各种 Excel 2010 中文版的基本操作,包括工作薄的创建、打开、保存和关闭,以及工作簿中工作表的插入、删除、复制、移动、重命名等。

2. 灵活掌握数据输入的 3 种方式:手动、自动、输入有效数据。以及编辑工作簿的方法,包括对工作表中的数据进行修改、清除、复制和移动,还有对单元格、行和列进行插入与删除的操作。

【实验环境】

1. 中文版 Windows 7;
2. 中文 Excel 2010。

【实验案例】

案例 1:新建一个工作簿,在 Sheet2 中输入如图 13-1 所示的内容,并按下列要求进行操作。

	A	B	C	D	E	F
1	销售					
2	销售日期	货品名称	客户	销售数量	单价	销售金额
3	2005/3/10	机箱	莱山	5	2200	
4	2005/3/10	显示器	莱山	10	1800	
5	2005/3/10	主板	牟平	8	550	
6	2005/3/11	主板	海阳	4	600	
7	2005/3/12	机箱	海阳	2	2050	
8	2005/3/12	机箱	牟平	2	1980	
9	2005/3/12	显示器	牟平	10	1650	
10	2005/3/15	机箱	海阳	6	2450	
11	2005/3/15	主板	海阳	3	530	
12	2005/3/15	显示器	莱山	5	1500	
13						

图 13-1　Sheet2 工作表

(1) 将工作簿中的 Sheet2 重命名为"销售明细",然后将其移动到最前面,删除 Sheet3;

(2) 在工作表"销售明细"中,"销售数量""单价""销售金额"列用设置有效性数据的方式输入数据,类型都为整数;

(3) 在"销售日期"列前插入一列,列名为"编号",并用自动填充的方式输入 01~10;

(4) 将编号为"07"的那行记录删除;

(5) 将销售日期为"2005/3/11"的客户改为"莱山";

(6) 以"存货明细表"为文件名保存该工作簿在 D 盘。

操作步骤：

（1）启动 Microsoft Excel 2010 则自动新建一个工作簿文件。

（2）在工作表 Sheet2 的标签上双击，输入"销售明细"，按"Enter"键确定。

（3）将鼠标指向"销售明细"工作表的标签，拖动至最前面时，松开左键。

（4）选择 Sheet3 工作表，单击功能区的"开始"的标签，在"单元格"选项组中选择"删除"的下拉按钮，在弹出的菜单中选择"删除工作表"。

（5）选择 D3：F12 区域，然后单击功能区的"数据"标签，在"数据工具"选项组中选择"数据有效性"的下拉按钮，在弹出的"数据有效性"对话框中选择"设置"选项卡，在"允许"下拉框中选择"整数"，如图 13-2 所示，单击"确定"按钮。

（6）此时，若在该区域输入整数以外的值，将限制输入。

（7）选择 A 列，在选择区域上单击右键，在弹出的快捷菜单中选择"插入"。

（8）选择 A2 单元格，输入"编号"，在 A3 单元格输入"01"，在 A4 单元格输入"02"，选择 A3：A4 区域，将鼠标指向该区域的填充柄，指针形状由空心粗十字变成实心细十字时，拖动鼠标左键至 A12 单元格，完成填充操作。

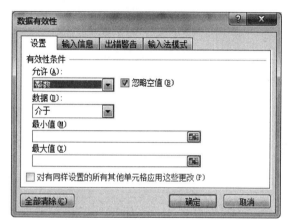

图 13-2　"数据有效性"对话框

（9）选择第 9 行，单击功能区的"开始"的标签，在"单元格"选项组中选择"删除"的下拉按钮，在弹出的菜单中选择"删除工作表行"。

（10）双击 D6 单元格，进行编辑，修改成"莱山"，然后按"Enter"键。

（11）单击快速访问工具栏中"保存"图标。

（12）在弹出的对话框中选择 D 盘，在"文件名"框中输入"存货明细表"，然后单击"保存"按钮。

最后结果如图 13-3 所示。

案例 2：新建一个工作簿，在 Sheet1 中输入如图 13-4 所示的内容，并按下列要求进行操作。

（1）在 Sheet1 前插入一张工作表，并复制 Sheet1 至其后；

（2）删除"规格"列；

（3）清除"每小时费"列中的内容；

（4）在 5 号包裹前插入一个包裹信息，内容自行输入；

（5）复制寄存时间和取走时间列的内容至 Sheet1 的副本中；

（6）以"寄存包裹计费表"为文件名保存该工作簿在 D 盘。

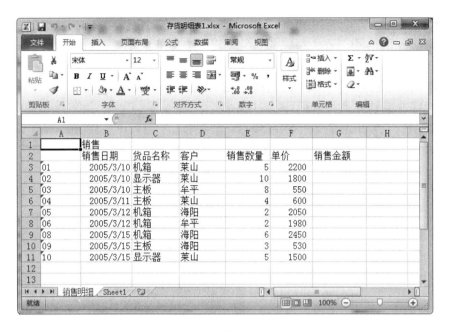

图 13-3　操作后的界面

包裹号	规格	寄存时间	取走时间	累计时间			累计小时数	每小时费	总费用
				天数	小时数	分钟数			
1	大	2005/5/21 10:20	2005/5/21 13:10	0	2	50		6	
2	中	2005/7/11 8:50	2005/7/13 15:00	2	6	10		2	
3	小	2005/6/24 19:10	2005/6/25 7:10	0	12	0		4	
4	中	2005/3/21 9:20	2005/3/21 11:30	0	2	10		2	
5	中	2005/8/31 14:05	2005/8/31 17:00	0	2	55		6	
6	小	2005/8/29 16:25	2005/8/30 20:40	1	4	15		6	
7	大	2005/8/15 22:30	2005/8/16 6:10	0	7	40		2	
8	大	2005/6/12 11:40	2005/6/12 14:25	0	2	45		4	

图 13-4　Sheet1 工作表

操作步骤：

（1）启动 Microsoft Excel 2010 则自动新建一个工作簿文件。

（2）单击功能区的"开始"的标签，在"单元格"选项组中选择"插入"的下拉按钮，在弹出的菜单中选择"插入工作表"，则在 Sheet1 前插入了一张工作表。

（3）在 Sheet1 表上右击鼠标，在弹出的快捷菜单中选择"移动或复制工作表…"，将弹出"移动或复制工作表"对话框，在"下列选定工作表之前"框中设置为"Sheet2"，并勾选"建立副本"选项，如图 13-5 所示。

（4）单击 B 列，在选中区域上右击鼠标，在弹出的快捷菜单中选择"删除"。

（5）选择 H3:H10，按下键盘上的"Del"键。

（6）选择第 5 行，单击功能区的"开始"的标签，在"单元格"选项组中选择"插入"的下拉按钮，在弹出的菜单中选择"插入工作表行"，内容自行输入。

图 13-5　"移动或复制工作表"对话框

（7）选择 B3:C11，然后单击功能区的"开始"标签中的"剪贴板"选项组中的"复制"按钮，再激活 Sheet1 的副本，单击"粘贴"按钮。

（8）以"寄存包裹计费表"为文件名保存该工作簿在 D 盘。

最后结果如图 13-6 和图 13-7 所示。

图 13-6 操作后的界面（Sheet1）

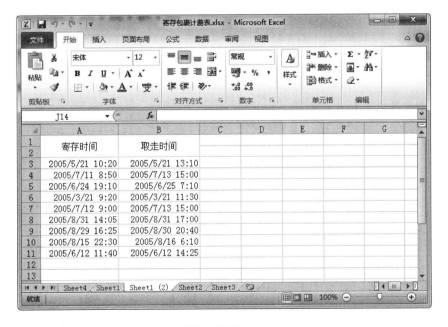

图 13-7 操作后的界面（Sheet1(2)）

【实验内容】

新建一个工作簿，在 Sheet1 中输入如图 13-8 所示的内容，并按下列要求进行操作。

（1）将工作簿中的 Sheet2 重命名为"统计表"，然后将其移动到最前面，删除 Sheet3，在

Sheet1 前插入一张工作表,并复制 Sheet1 至其后;

(2)"编号"列用自动填充的方式输入,在"姓名"列后插入一列,列名为"部门";

(3)"部门"列用设置有效性数据的方式输入数据,内容自行在"人事""技术"和"营销"中选择;

(4)删除第一行的内容;

(5)将"武兵"的姓名改为"武山";

(6)删除"法律知识"列;

(7)清除"平均成绩""总成绩""名次"列中的内容;

(8)在编号为"11"的员工后插入一名员工的信息,内容自行输入;

(9)复制"编号""姓名"列的内容至 Sheet1 的副本中;

(10)以"企业新进员工培训成绩统计表"为文件名保存该工作簿在 E 盘。

编号	姓名	培训课程							平均成绩	总成绩	名次
		企业概况	规章制度	法律知识	财务知识	电脑操作	商务礼仪	质量管理			
1	王键	85	80	83	87	79	88	90	84.57143	592	3
2	李阳	69	75	84	86	76	80	78	78.28571	548	18
3	高红	81	89	80	78	83	79	81	81.57143	571	12
4	丁丽	72	80	74	92	90	84	80	81.71429	572	11
5	苏锐	82	89	79	76	85	89	83	83.28571	583	7
6	武兵	83	79	82	88	82	90	87	84.42857	591	4
7	钟侠	77	71	80	87	85	91	89	82.85714	580	9
8	刘韵	83	80	76	85	88	86	92	84.28571	590	5
9	张康	89	85	80	75	69	82	76	79.42857	556	16
10	王小童	80	84	68	79	86	80	72	78.42857	549	17
11	李圆圆	80	77	84	90	87	84	80	83.14286	582	8
12	郑远	90	89	83	84	75	79	85	83.57143	585	6
13	郝莉莉	88	78	90	69	80	83	90	82.57143	578	10
14	王浩	80	86	81	92	91	84	80	84.85714	594	2
15	苏户	79	82	85	76	78	86	84	81.42857	570	13
16	东方祥	80	76	83	85	81	67	92	80.57143	564	15
17	李宏	92	90	89	80	78	83	85	85.28571	597	1
18	赵刚	87	83	85	81	65	85	80	80.85714	566	14

企业新进员工培训成绩统计表

图 13-8　Sheet1 工作表

实验 14 Excel 2010 公式、函数和图表的使用

【实验目的】

1. 应熟练掌握工作表中公式的输入，以及运用常用的函数进行简单的运算。
2. 掌握如何利用"图表向导"创建图表，并学会设置图表格式的基本操作。

【实验环境】

1. 中文版 Windows 7；
2. 中文 Excel 2010。

【实验案例】

案例1：打开实验 13 中的"存货明细表"工作簿，并按下列要求进行操作。

（1）求出所有销售编号的销售金额；

（2）求出销售金额总额；

（3）绘制所有销售编号销售金额的簇状条形图，要求有图例，系列产生在列，嵌入在数据表格下方（存放在 A13:G24 的区域内）。

操作步骤：

（1）双击 D 盘下的"存货明细表"文件。

（2）单击 G3 单元格，输入"＝E3＊F3"，单击"Enter"键确认。

（3）将鼠标指向 G3 单元格的填充柄，拖动鼠标左键至 G11，实现公式的复制。

（4）首先，在 F12 中输入"销售金额总额"，然后选择 G12 单元格，接着单击功能区的"公式"标签，在"函数库"选项组中选择"插入函数"，将弹出"插入函数"的对话框。

（5）选择"SUM"函数，单击"确定"按钮，将弹出如图 14-1 所示的对话框。

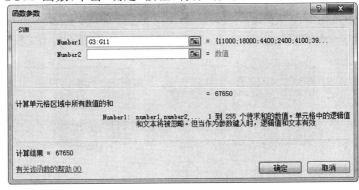

图 14-1 "函数参数"对话框

（6）"Number1"文本框中默认为"G3:G11"，即为题目所需的参数，若默认数据不符合要求，可进行修改。

（7）选择数据区域 A2:A11 与 G2:G11，然后单击功能区的"插入"的标签，在"图表"选项组中选择"条形图"，在子类型界面选择"簇状条形图"。

（8）选择图表，将其拖动至合适位置，并将鼠标移至图表上的 8 个方向柄之一进行拖放，最后将其存放在 A13:G24 的区域内。

（9）单击标题栏上的"保存"按钮。

最后结果如图 14-2 所示。

图 14-2　操作后的界面

案例 2：打开实验 13 中的"寄存包裹计费表"工作簿，并按下列要求进行操作。

（1）计算所有包裹的累计小时数，（分钟数超过半小时按一小时计，不足半小时按半小时计）；

（2）删除"每小时费"列，用混合引用的方式计算所有包裹的总费用，（每个包裹收费 3 元/小时）；

（3）为每个包裹的总费用绘制折线迷你图，放置在 H12 单元格。

操作步骤：

（1）双击 D 盘下的"寄存包裹计费表"文件。

（2）单击 G3 单元格，输入"＝D3＊24＋E3＋IF(F3＝0,0,IF(F3＜＝30,0.5,1))"，单

击"Enter"键确认。

（3）将鼠标指向 G3 单元格的填充柄，拖动鼠标左键至 G11，实现公式的复制。

（4）选择 H 列，在选择区域上右击鼠标，在弹出的快捷菜单中选择"删除"。

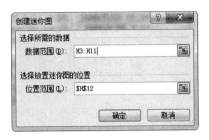

（5）在 H2 单元格中输入"3 元/小时"，在 H3 单元格输入"＝LEFT(H＄2,1)＊G3"，单击"Enter"键确认。

（6）将鼠标指向 H3 单元格的填充柄，拖动鼠标左键至 H11，实现公式的复制。

图 14-3 "创建迷你图"对话框

（7）选择 H12 单元格，然后单击功能区的"插入"标签，在"迷你图"选项组中选择"折线图"。

（8）将弹出"创建迷你图"对话框，并做出如图 14-3 所示的设置，单击"确定"按钮。

（9）单击标题栏上的"保存"按钮。

最后结果如图 14-4 所示。

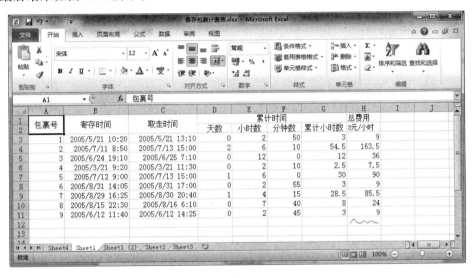

图 14-4 操作后的界面

【实验内容】

打开实验 13 中的"企业新进员工培训成绩统计表"工作簿，并按下列要求进行操作。

（1）分别用函数、公式计算每位员工的平均成绩、总成绩；

（2）通过总成绩计算每位员工的名次，使用 RANK 函数；

（3）为每位员工的所有课程成绩绘制柱形迷你图，放置在名次列后相应的单元格内；

（4）绘制所有员工总成绩的独立簇状圆柱图，要求有图例。

实验15   Excel 2010 数据管理与分析

【实验目的】

1. 为了更加有效地管理工作簿中的数据,掌握对工作表中的记录进行管理和分析常用方法。

2. 当筛选的条件比较复杂时,高级筛选就可以达到此目的。

3. 通过单变量求解可对数据进行模拟分析和运算。

【实验环境】

1. 中文版 Windows 7;

2. 中文 Excel 2010。

【实验案例】

案例1:打开实验14中的"存货明细表"工作簿,在当前位置筛选出海阳客户且销售金额超过3 000或者主板销售数量大于5的销售记录。

操作步骤:

(1)双击 D 盘下的"存货明细表"文件。

(2)在 Sheet1 中输入如图 15-1 所示的内容。(A3 单元格输入"="=主板""B2 单元格输入"="=海阳"")

(3)选择"销售明细"工作表中的 A2:G11 单元格区域,然后单击功能区的"数据"的标签,在"排序和筛选"选项组中选择"高级",将弹出"高级筛选"对话框,并做出如图 15-2 所示的设置,单击"确定"按钮。

图 15-1   Sheet1 工作表

图 15-2   "高级筛选"对话框

(4)单击标题栏上的"保存"按钮。

最后结果如图15-3所示。

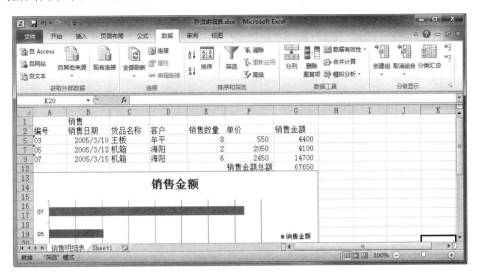

图 15-3 操作后的界面

案例2：打开实验14中的"寄存包裹计费表"工作簿，利用单变量求解，分析若每天利润为50时，每小时寄存费应收多少。

操作步骤：

（1）双击D盘下的"寄存包裹计费表"文件。

（2）重命名相关工作表。并在"单变量求解"工作表中输入如图15-4所示的内容。

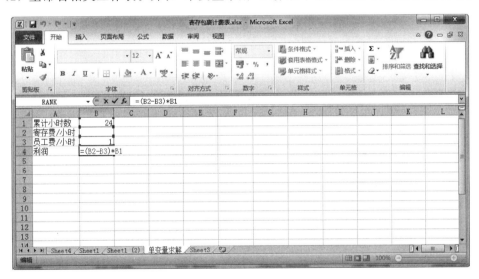

图 15-4 "单变量求解"工作表

（3）选择B4单元格，然后单击功能区的"数据"标签，在"数据工具"选项组中选择"模拟分析"的下拉按钮，在弹出的菜单中选择"单变量求解"，将弹出"单变量求解"对话框，并做出如图15-5所示的设置。

（4）单击标题栏上的"保存"按钮。

图 15-5 "单变量求解"对话框

最后结果如图 15-6 所示。

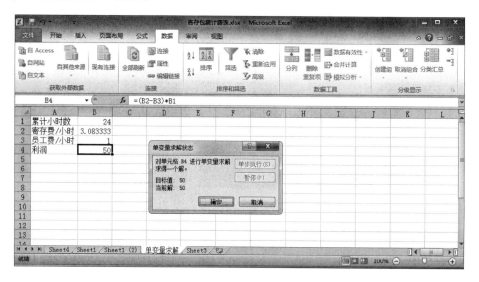

图 15-6 操作后的界面

【实验内容】

打开实验 14 中的"企业新进员工培训成绩统计表"工作簿,并按下列要求进行操作。

(1) 在新位置筛选出人事部总成绩超过 500 或者企业概况和规章制度 80 分以上的员工培训成绩的记录。

(2) 利用单变量求解,分析丁丽员工若总成绩超为 600 时,财务知识应至少为多少分?

实验 16　Excel 2010 基础知识练习

【实验目的】

掌握本章的基础知识,学会在计算机上做习题方法,为今后各种考核作准备。

【实验环境】

1. 中文版 Windows 7;
2. 中文 Excel 2010。

【实验方法】

把老师提供的"多媒体技术基础知识"试题的 Word 文档复制到自己工作计算机上,打开该文档,仔细阅读每道题目,把每题的正确答案填写到该题目中的括号中。做完后保存好自己的文档(最好用自带的 U 盘保存),课堂上最后 10 分钟再与老师给的参考答案核对,修改后保存。

【实验内容】

Excel 2010 基础知识习题

一、下列习题都是单选题,请选择 A、B、C、D 中的一个字母写到本题的括号中。

1. 在 Excel 2010 中,一个工作簿就是一个 Excel 文件,其扩展名为(　　)。

A．.xls 　　　　　 B．.dbf 　　　　　 C．.xlsx 　　　　　 D．.lbl

2. 在 Excel 2010 中,一个工作簿可以包含(　　)工作表。

A．1 个 　　　　 B．2 个 　　　　 C．3 个 　　　　　 D．多个

3. 在 Excel 数据输入时,可以采用自动填充的操作方法,它是根据初始值决定其后的填充项,若初始值为纯数字,则默认状态下序列填充的类型为(　　)。

A．等差数据序列　　B．等比数据序列　　C．初始数据的复制　D．自定义数据序列

4. 对 Excel 的单元格可以使用公式与函数进行数据输入。若 A2 单元格内容为"李凌",B2 单元格内容为 98,要使 C2 单元格的内容得到"李凌成绩为 98",则公式为(　　)。

A．＝A2＋成绩为＋B2 　　　　　　 B．＝A2＋"成绩为"＋B2

C．＝A2& 成绩为 &B2 　　　　　　 D．＝A2&"成绩为"&B2

5. Excel 2010 的空白工作簿创建后,默认情况下由(　　)工作表组成。

A．1 个 　　　　 B．2 个 　　　　 C．3 个 　　　　　 D．4 个

6. Excel 2010 的一个工作簿,最多可以添加至(　　)个工作表。

A．没有限制 　　　　　　　　　 B．256

C. 255　　　　　　　　　　　　　　D. 受计算机内存大小的限制

7. 在默认方式下,Excel 2010 工作表的行以(　　)标记。

A. 数字＋字母　　B. 字母＋数字　　C. 数字　　　　　D. 字母

8. 在默认方式下,Excel 2010 工作表的列以(　　)标记。

A. 数字＋字母　　B. 字母＋数字　　C. 数字　　　　　D. 字母

9. Excel 中的数据由若干列组成,每列应有一个列标题,列表中应避免空白行和空白列,单元格的值最好不要以(　　)开头。

A. 空格　　　　　B. 数字　　　　　C. 字符　　　　　D. 0

10. Excel 2010 的默认工作表分别命名为(　　)。

A. Sheet1、Sheet2 和 Sheet3　　　　B. Book1、Book2 和 Book3

C. Table1、Table2 和 Table3　　　　D. List1、List2 和 List3

11. 为了激活 Excel 2010 的工作表,可以用鼠标单击(　　)。

A. 标签滚动条按钮　B. 工作表标签　　C. 工作表　　　　D. 单元格

12. 在 Excel 2010 中,若要选中若干个不连续的工作表,可先按住(　　)键,然后逐一用鼠标单击。

A. Ctrl　　　　　B. Shift　　　　　C. Alt　　　　　D. Tab

13. 在工作表的单元格内输入数据时,可以使用"自动填充"的方法,填充柄是选定区域(　　)的小黑方块。

A. 左上角　　　　B. 左下角　　　　C. 右上角　　　　D. 右下角

14. 当鼠标指针移到工作表中选定区域的填充柄上时,指针变为(　　)光标。

A. 空心十字　　　B. 黑十字　　　　C. 空心箭头　　　D. 黑箭头

15. 使用"自动填充"方法输入数据时,若在 A1 输入 2,A2 输入 4,然后选中 A1:A2 区域,再拖动填充柄至 A10,则 A1:A10 区域内各单元格填充的数据为(　　)。

A. 2,4,6,…,20　B. 全 0　　　　　C. 全 2　　　　　D. 全 4

16. 使用"自动填充"方法输入数据时,若在 A1 输入 2,A2 输入 4,然后选中 A1:A2 区域,再拖动填充柄至 F2,则 A1:F2 区域内各单元格填充的数据是(　　)。

A. A1:F1 为 2、A2:F2 为 4　　　　B. 全 0

C. 全 2　　　　　　　　　　　　　D. 全 4

17. 使用"自动填充"方法输入数据时,若在 A1 输入 2,然后选中 A1,再拖动填充柄至 A10,则 A1:A10 区域内各单元格填充的数据为(　　)。

A. 2,3,4,…,11　B. 全 0　　　　　C. 全 1　　　　　D. 全 2

18. Excel 2010 中的公式是用于按照特定顺序进行数据计算并输入数据的,它的最前面是(　　)。

A. "＝"号　　　　B. ":"号　　　　C. "!"号　　　　D. "$"号

19. 使用公式时的运算数包括常量、单元格或区域引用、标志、名称或(　　)。

A. 工作表　　　　B. 公式　　　　　C. 工作表函数　　D. 变量

20. 使用公式时的运算符包含算术、比较、文本和(　　)等四种类型的运算符。

A. 逻辑　　　　　B. 引用　　　　　C. 代数　　　　　D. 方程

21. 在工作表 Sheet1 中,若 A1 为"20",B1 为"40",在 C1 输入公式"＝A1＋B1",则 C1

的值为(　　)。

　　A. 35　　　　　　B. 45　　　　　　C. 60　　　　　　D. 70

22. 在工作表 Sheet1 中,若 A1 为"20",B1 为"40",A2 为"15",B2 为"30",在 C1 输入公式"＝A1＋B1",将公式从 C1 复制到 C2,则 C2 的值为(　　)。

　　A. 35　　　　　　B. 45　　　　　　C. 60　　　　　　D. 70

23. 在工作表 Sheet1 中,若 A1 为"20",B1 为"40",A2 为"15",B2 为"30",在 C1 输入公式"＝A1＋B1",将公式从 C1 复制到 C2,再将公式复制到 D2,则 D2 的值为(　　)。

　　A. 35　　　　　　B. 45　　　　　　C. 75　　　　　　D. 90

24. 在工作表 Sheet1 中,若 A1 为"20",B1 为"40",在 C1 输入公式"＝$A1＋B$1",则 C1 的值为(　　)。

　　A. 45　　　　　　B. 55　　　　　　C. 60　　　　　　D. 75

25. 在工作表 Sheet1 中,若 A1 为"20",B1 为"40",A2 为"15",B2 为"30",在 C1 输入公式"＝$A1＋B$1",将公式从 C1 复制到 C2,则 C2 的值为(　　)。

　　A. 45　　　　　　B. 55　　　　　　C. 60　　　　　　D. 75

26. 在工作表 Sheet1 中,若 A1 为"20",B1 为"40",A2 为"15",B2 为"30",在 C1 输入公式"＝$A1＋B$1",将公式从 C1 复制到 C2 再将公式复制到 D2,则 D2 的值为(　　)。

　　A. 45　　　　　　B. 55　　　　　　C. 60　　　　　　D. 75

27. 在工作表 Sheet1 中,若在 C3 输入公式"＝$A3＋B$3",然后将公式从 C3 复制到 C4,则 C4 中的公式为(　　)。

　　A. ＝$A4＋B$3　　B. ＝A4＋B4　　　C. ＝$A4＋C$3　　D. ＝$A3＋B$3

28. 在工作表 Sheet1 中,若在 C3 输入公式"＝$A3＋B$3",然后将公式从 C3 复制到 C4,再将公式复制到 D4,则 D4 中的公式为(　　)。

　　A. ＝$A4＋B$3　　B. ＝C4＋B4　　　C. ＝$A4＋C$3　　D. ＝$A3＋B$3

29. 在 Excel 2010 中,如果需要引用同一工作簿的其他工作表的单元格或区域,则在工作表名与单元格区域引用之间用(　　)分开。

　　A. "!"号　　　　　B. ":"号　　　　　C. "&"号　　　　　D. "$"号

30. 删除单元格是将单元格从工作表上完全移去,并移动相邻的单元格来填充空格,若对已经删除的单元格进行过引用,将导致出错,显示的出错信息是(　　)。

　　A. ＃VALUE!　　B. ＃REF!　　　　C. ＃ERROR!　　D. ＃＃＃＃＃

31. Excel 2010 的工作表名可以更改,它最多可含(　　)个字符。

　　A. 30　　　　　　B. 31　　　　　　C. 32　　　　　　D. 33

32. 更名后的 Excel 2010 工作表名可包括汉字、空格和 ASCII 字符(　　)等在内。

　　A. "—"、"_"　　　B. 括号,逗号　　　C. 斜杠、反斜杠　　D. 问号、星号

33. 在 Excel 中,清除数据针对的对象是数据,数据清除后,单元格本身(　　)。

　　A. 仍留在原位置　　B. 向上移动　　　C. 向下移动　　　　D. 向右移动

34. 在 Excel 中,数据删除针对的对象是单元格,删除后,单元格本身(　　)。

　　A. 仍留在原位置　　B. 被填充　　　　C. 向下移动　　　　D. 向右移动

35. 在 Excel 中,若删除数据选择的区域是"整行",则删除后,该行(　　)。

　　A. 仍留在原位置　　B. 被上方行填充　　C. 被下方行填充　　D. 被移动

36. 在 Excel 中,若删除数据选择的区域是"整列",则删除后,该列(   )。

A. 仍留在原位置   B. 被右侧列填充   C. 被左侧列填充   D. 被移动

37. 在 Excel 2010 中,如果删除数据选定的区域是若干整行或若干整列,则删除时将(   )"删除"对话框。

A. 不出现   B. 出现   C. 不一定出现   D. 一定出现

38. 在 Excel 2010 中,如果要删除整个工作表,正确的操作步骤是(   )。

A. 选中要删除工作表的标签,再按 Del 键

B. 选中要删除工作表的标签,按住 Shift 键,再按 Del 键

C. 选中要删除工作表的标签,按住 Ctrl 键,再按 Del 键

D. 选中要删除工作表的标签,再选择"编辑"菜单中"删除工作表"命令

39. 在 Excel 2010 中,如果要选取多个连续的工作表,可单击第一个工作表标签,然后按(   )键单击最后一个工作表标签。

A. Ctrl   B. Shift   C. Alt   D. Tab

40. 在 Excel 2010 中,如果要选取多个非连续的工作表,则可通过按(   )键单击工作表标签选取。

A. Ctrl   B. Shift   C. Alt   D. Tab

41. 在 Excel 2010 中,如果在多个选中的工作表(工作表组)中的一个工作表任意单元格输入数据或设置格式,则在工作表组其他工作表的相同单元格出现(   )数据或格式。

A. 不同的   B. 不一定不同的   C. 相同的   D. 不一定相同的

42. 在 Excel 2010 中,如果工作表被删除,则(   )用标题栏的"撤销"按钮恢复。

A. 可以   B. 不可以   C. 不一定可以   D. 不一定不可以

43. 在 Excel 2010 中,如果移动或复制了工作表,则(   )用标题栏的"撤销"按钮取消操作。

A. 可以   B. 不可以   C. 不一定可以   D. 不一定不可以

44. 工作表的冻结是指将工作表窗口的(   )固定住,不随滚动条而移动。

A. 任选行或列   B. 任选行   C. 任选列   D. 上部或左部

45. 在对工作表中各单元格的数据格式化时,使用"设置单元格格式"对话框,它有数字、对齐、字体…等(   )个标签。

A. 5   B. 6   C. 7   D. 8

46. 在默认的情况下,Excel 2010 自定义单元格格式使用的是"G/通用格式",数值(   )。

A. 左对齐   B. 右对齐   C. 居中   D. 空一格左对齐

47. 在默认的情况下,Excel 2010 自定义单元格格式使用的是"G/通用格式",文本数据(   )。

A. 左对齐   B. 右对齐   C. 居中   D. 空一格左对齐

48. 在默认的情况下,Excel 2010 自定义单元格格式使用的是"G/通用格式",公式以(   )显示。

A. "=公式"方式   B. 表达式方式   C. 值方式   D. 全 0 或全空格

49. 在默认的情况下,Excel 2010 自定义单元格格式使用的是"G/通用格式",当数值长

度超出单元格长度时用( )显示。

　　A. 科学记数法　　　B. 普通记数法　　　C. 分节记数法　　　D. ＃＃＃＃＃＃

　　50. 在 Excel 2010 中,可利用"设置单元格格式"对话框的对齐标签设置对齐格式,其中"方向"框用于改变单元格中文本旋转的角度,角度范围是( )。

　　A. －360°～＋360°　　B. －180°～＋180°　　C. －90°～＋90°　　D. 360°

　　51. Excel 2010 的"条件格式"功能,用于对选定区域各单元格中的数值是否在指定范围内动态地为单元格自动设置格式,"条件格式"对话框提供最多( )个条件表达式。

　　A. 1　　　　　　　B. 2　　　　　　　C. 3　　　　　　　D. 无限

　　52. 将某单元格数值格式设置为"＃,＃＃0.00",其含义是( )。

　　A. 整数 4 位,保留 2 位小数

　　B. 整数 4 位,小数 2 位

　　C. 整数 4 位,千位加分节符,保留 2 位小数

　　D. 整数 1 位,小数 2 位

　　53. Excel 2010 中文版有四种数据类型,分别是( )。

　　A. 文本、数值(含日期)、逻辑、出错值

　　B. 文本、数值(含日期时间)、逻辑、出错值

　　C. 文本、数值(含时间)、逻辑、出错值

　　D. 文本、数值(含日期时间)、逻辑、公式

　　54. 在 Excel 2010 中,某些数据的输入和显示是不一定完全相同的,例如输入为"12345678900000",则显示为( )。

　　A. 1.23456789E＋13　　　　　　　B. 1.2345678E＋13

　　C. 1.23457E＋13　　　　　　　　D. 1.235E＋13

　　55. 在 Excel 2010 中,某些数据的输入和显示是不一定完全相同的,当需要计算时,一律以( )为准。

　　A. 输入值　　　　B. 显示值　　　　C. 平均值　　　　D. 误差值

　　56. 在工作表中,如果选择了输入有公式的单元格,则单元格显示( )。

　　A. 公式　　　　　B. 公式的结果　　　C. 公式和结果　　　D. 空白

　　57. 在工作表中,如果选择了输入有公式的单元格,则编辑栏显示( )。

　　A. 公式　　　　　B. 公式的结果　　　C. 公式和结果　　　D. 空白

　　58. 在工作表中,如果双击输入有公式的单元格或先选择该单元格再按 F2 键,则单元格显示( )。

　　A. 公式　　　　　B. 公式的结果　　　C. 公式和结果　　　D. 空白

　　59. 在工作表中,如果双击输入有公式的单元格或先选择该单元格再按 F2 键,则编辑栏显示( )。

　　A. 公式　　　　　B. 公式的结果　　　C. 公式和结果　　　D. 空白

　　60. 在工作表中,如果双击输入有公式的单元格或先选择该单元格再按 F2 键,然后按功能键 F9,此时单元格显示( )。

　　A. 公式　　　　　B. 公式的结果　　　C. 公式和结果　　　D. 空白

　　61. 在工作表中,如果双击输入有公式的单元格或先选择该单元格再按 F2 键,然后按

功能键 F9,此时编辑栏显示( )。

    A. 公式　　　　　B. 公式的结果　　　C. 公式和结果　　　D. 空白

62. 在工作表中,将单元格上一步输入确认的公式取消掉的操作( )用标题栏的"撤销"按钮撤销。

    A. 不一定可以　　　B. 不可以　　　　　C. 可以　　　　　　D. 出错

63. 如果对单元格使用了公式而引用单元格数据发生变化时,Excel 能自动对相关的公式重新进行计算,借以保证数据的( )。

    A. 可靠性　　　　　B. 相关性　　　　　C. 保密性　　　　　D. 一致性

64. 在 Excel 2010 中,可以使用组合键( )输入当天日期。

    A. Ctrl+;　　　　　B. Shift+;　　　　　C. Alt+;　　　　　D. Tab+;

65. 在 Excel 2010 中,可以使用组合键( )输入当天时间。

    A. Shift+Ctrl+;　　B. Ctrl+Shift+;　　C. Shift+Alt+;　　D. Alt+Shift+;

66. 如果在单元格输入数据"12,345.67",Excel 2010 将把它识别为( )数据。

    A. 文本型　　　　　B. 数值型　　　　　C. 日期时间型　　　D. 公式

67. 如果在单元格输入数据"2002-3-15",Excel 2010 将把它识别为( )数据。

    A. 文本型　　　　　B. 数值型　　　　　C. 日期时间型　　　D. 公式

68. 如果在单元格输入数据"=22",Excel 2010 将把它识别为( )数据。

    A. 文本型　　　　　B. 数值型　　　　　C. 日期时间型　　　D. 公式

69. 向单元格键入数据或公式后,如果单击按钮"√",则相当于按( )键。

    A. Del　　　　　　B. Esc　　　　　　C. Enter　　　　　D. Shift

70. 向单元格键入数据或公式后,如果单击按钮"√",则活动单元格会( )。

    A. 保持不变　　　　B. 向下移动一格　　C. 向上移动一格　　D. 向右移动一格

71. Excel 的单元格名称相当于程序语言设计中的变量,可以加以引用。引用分为相对引用和绝对引用,一般情况为相对引用,实现绝对引用需要在列名或行号前插入符号( )。

    A. "!"　　　　　　B. ":"　　　　　　C. "&"　　　　　　D. "$"

72. 在单元格名没有改变的情况下,如果在单元格中输入"=U9I+A1",则会出现信息( )。

    A. #VALUE!　　　B. #NAME?　　　　C. #REF!　　　　　D. #####

73. 如果在 A1、B1 和 C1 三个单元格分别输入数据 1、2 和 3,再选择单元格 D4,然后单击功能区的按钮"Σ自动求和",则在单元格 D1 显示( )。

    A. =SUM(A1:C1)　　　　　　　　　B. =TOTAL(A1:C1)

    C. =AVERAGE(A1:C1)　　　　　　　D. =COUNT(A1:C1)

74. 在 Excel 2010 中可以创建嵌入式图表,它和创建图表的数据源放置在( )工作表中。

    A. 不同的　　　　　B. 相邻的　　　　　C. 同一张　　　　　D. 另一工作簿的

75. 在 Excel 2010 数据列表的应用中,分类汇总适合于按( )字段进行分类。

    A. 一个　　　　　　B. 两个　　　　　　C. 三个　　　　　　D. 多个

76. 在 Excel 2010 数据列表的应用中,( )字段进行汇总。

A. 只能对一个　　　　B. 只能对两个　　　　C. 只能对多个　　　　D. 可对一个或多个

77. 在 Excel 2010 中的"引用"可以是单元格或单元格区域,引用所代表的内容是(　　)。

A. 数值　　　　　　　B. 文字　　　　　　　C. 逻辑值　　　　　　D. 以上值都可以

78. 在 Excel 2010 中,加上填充颜色是指(　　)。

A. 单元格边框的颜色　　　　　　　　　B. 单元格中字体的颜色

C. 单元格区域中的颜色　　　　　　　　D. 不是指颜色

79. 在 Excel 2010 中,用户可以设置输入数据的有效性,"设置"选项卡的作用是限定输入数据的(　　)。

A. 小数的有效位　　　B. 类型　　　　　　　C. 范围　　　　　　　D. 类型和范围

80. 在工作表 Sheet1 中,设已对单元格 A1、B1 分别输入数据 20、40,若对单元格 C1 输入公式"＝A1&B1",则 C1 的值为(　　)。

A. 60　　　　　　　　B. 2040　　　　　　　C. 20&40　　　　　　　D. 出错

81. 在工作表 Sheet1 中,设已对单元格 A1、B1 分别输入数据 20、40,若对单元格 C1 输入公式"＝A1＞B1",则 C1 的值为(　　)。

A. YES　　　　　　　B. NOT　　　　　　　C. TRUE　　　　　　　D. FALSE

82. 在工作表中,区域是指连续的单元格,一般用(　　)标记。

A. 单元格:单元格

B. 行标:列标

C. 左上角单元格名:右上角单元格名　　　D. 左单元格名:右单元格名

83. 在工作表中,区域是指连续的单元格,用户(　　)定义区域名并按名引用。

A. 不可以　　　　　　B. 可以　　　　　　　C. 不一定可以　　　　D. 不一定不可以

84. 在 Excel 2010 中使用公式,当多个运算符出现在公式中时,由高到低各运算符的优先级是(　　)。

A. 括号、%、˄、乘除、加减、&、比较符　　　B. 括号、%、˄、乘除、加减、比较符、&

C. 括号、˄、%、乘除、加减、&、比较符　　　D. 括号、˄、%、乘除、加减、比较符、&

85. 在 Excel 2010 中使用公式,当多个运算符出现在公式中时,如果运算的优先级相同,则按(　　)的顺序运算。

A. 从前到后　　　　　B. 从后到前　　　　　C. 从左到右　　　　　D. 从右到左

86. Excel 2010 提供了许多内置函数,使用这些函数可执行标准工作表运算和宏表运算,实现函数运算所使用的数值称为参数,函数的语法形式为"函数名称(参数 1,参数 2,…)",其中的参数可以是(　　)。

A. 常量、变量、单元格、区域名、逻辑位、错误值或其他函数

B. 常量、变量、单元格、区域、逻辑位、错误值或其他函数

C. 常量、单元格、区域、区域名、逻辑位、引用、错误值或其他函数

D. 常量、变量、单元格、区域、逻辑位、引用、错误值或其他函数

87. 在工作表中,当单元格添加批注后,其(　　)出现红点,当鼠标指向该单元格时,即显示批注信息。

A. 左上角　　　　　　B. 右上角　　　　　　C. 左下角　　　　　　D. 右下角

88. 如果要删除单元格的批注,可先选择"审阅"标签下的"批注"选项组中的(　　)命令。

　　A. 删除　　　　　　B. 清除　　　　　　C. 删除批注　　　　D. 清除批注

89. 在 Excel 2010 中,正确地选定数据区域是能否创建图表的关键,若选定的区域有文字,则文字应在区域的(　　　)。

　　A. 最左列或最上行　　　　　　　　B. 最右列或最上行

　　C. 最左列或最下行　　　　　　　　D. 最右列或最下行

90. 在工作表中创建图表时,若选定的区域有文字,则文字一般作为(　　　)。

　　A. 图表中的数据　　　　　　　　　B. 图表中行或列的坐标

　　C. 说明图表中数据的含义　　　　　D. 图表的标题

二、判断题(请在正确的题后括号中打√,错误的题后括号中打×。)

1. 如果桌面有 Excel 2010 快捷方式图标,单击快捷图标,即可启动运行。　　　　　　(　　)

2. Excel 2010 工作簿是计算和存储数据的文件,一个工作簿就是一个 Excel 文件,其扩展名为".xls"。　　　　　　(　　)

3. 在 Excel 2010 的工作表中,若要选择连续的多个单元格,可以单击选定区域的第一个单元格,然后按住 Ctrl 键,单击该区域右下角的最后一个单元格。　　　　　　(　　)

4. 在 Excel 2010 工作表的单元格输入文本类型的数据时,文本可以包含任何字符、数字和键盘符号的组合。如果单元格列宽容不下文本字符串,可占用相邻的单元格,并向相邻单元格延伸显示。　　　　　　(　　)

5. 假设 Excel 2010 在默认的设置下,如果对工作表的某单元格输入数据"2002-3-15",则该数据为数值类型,显示时靠右对齐。　　　　　　(　　)

6. 在 Excel 2010 工作表的单元格中使用公式时,可能会出现错误结果,例如,在公式中将一个数除以 0,单元格中就会显示"♯ERROR!"这样的出错值。　　　　　　(　　)

7. 在 Excel 2010 工作表的单元格输入数据时,可以采用自动填充的方法,它是根据初值自动决定以后的填充值。　　　　　　(　　)

8. 在 Excel 2010 工作表 Sheet1 中,对单元格 A2～A10、B1～J1 分别输入数据 1～9,在单元格 B2 中输入公式"=$A2*B$1",然后将单元格 B2 复制到区域 B2:J10,则建立了一张九九乘法表。　　　　　　(　　)

9. 在 Excel 2010 工作表 Sheet1 中,对单元格 A1、B1 分别命名为 X、Y 并分别输入数据 1、2,在单元格 C1 中输入公式"=X+Y",则 C1 的值为 3,然后对单元格 A2、B2 分别输入数据 3、4 并将 C1 的公式复制到 C2,则 C2 的值为 7。　　　　　　(　　)

10. 在 Excel 2010 中,数据清除的对象是数据,单元格本身并不受影响,而数据删除的对象是单元格,删除后选取的单元格连同里面的数据将都从工作表中消失。　　　　　　(　　)

11. 在 Excel 2010 中,用户可根据需求对工作表重新命名,方法是:单击需要重命名的工作表标签,工作表标签将突出显示,再输入新的工作表名,按回车键确定。　　　　　　(　　)

12. 如果工作表的数据比较多时,可以采用工作表窗口冻结的方法,使标题行或列不随滚动条移动。对于水平和垂直同时冻结的情况,先选择冻结点所在的一个单元格,再选择"冻结拆分窗格"命令,则该单元格的上方所有行和左侧所有列将被冻结。　　　　　　(　　)

13. 在 Excel 2010 中进行数据复制和移动时,所选择的目标区域的大小与源区域的大小无关。　　　　　　(　　)

14. 若要在 Excel 2010 的工作表中插入列,可单击要插入新列的单元格,选择"插入工

作表列"命令,则插入新列,选中单元格所在列向右移动一列。　　　　　　　　　（　　　）

15. Excel 2010 的数据图表是将单元格中的数据以各种统计图表的形式显示或打印,使得数据更直观。当工作表中的数据发生变化时,图表中对应项的图形也自动变化。
　　　　　　　　　　　　　　　　　　　　　　　　　　　　　　　　　　（　　　）

16. 在 Excel 2010 中,正确选定数据区域是能否创建图表的关键,若选定的区域是不连续的,则第二个区域应和第一个区域所在行或列具有相同的行数或列数。　　（　　　）

17. 一个工作簿可包含多个工作表,这样可以将若干相关工作表组成一个文件,操作时不必打开多个文件,而直接在同一文件的不同工作表方便地切换。　　　　　　（　　　）

18. 在 Excel 2010 中,系统默认数据升序的顺序是:数值从小到大,文本按 a～z、A～Z,逻辑值 True 排在 False 之前,所有错误值的优先级相同。　　　　　　　（　　　）

19. 在 Excel 2010 中,对数据的排序只能按列进行,如果指定列的数据有相同部分的情况,可以使用多列(次要关键字)排序,Excel 2010 允许对不超过 3 列的数据进行排序。（　　　）

20. 在 Excel 2010 中,分类汇总只适合于按一个字段分类,且每一列数据必须有列标题,分类汇总前不必对分类字段进行排序。　　　　　　　　　　　　　　（　　　）

21. 在 Excel 2010 中可以设置工作表中自己喜欢的背景图片。　　　　　　（　　　）

22. 在 Excel 2010 中函数的输入方法可以采用手工输入或使用插入函数向导输入。
　　　　　　　　　　　　　　　　　　　　　　　　　　　　　　　　　　（　　　）

23. 如果用户只需要打印工作表中部分数据和图表,可以通过设置打印区域来解决,工作表被保存后,以后再打开时,所设置的打印区域无效。　　　　　　　　　　（　　　）

24. 若在单元格 A1 和 B1 分别输入初值 1 和 2,选择 A1 和 B1,将鼠标指针移至填充柄,待光标变为小黑十字后,按住鼠标左键向右拖至单元格 D1;再选择 A1 和 B1,将填充柄向下拖至单元格 B3。完成上述操作后,单元格 C1 和 D1 的值分别是 3 和 4,A2 和 A3 的值是 1,B2 和 B3 的值是 2。　　　　　　　　　　　　　　　　　　　　　（　　　）

25. 如果桌面有 Excel 2010 快捷方式图标,双击快捷图标,即可启动运行。　（　　　）

26. 在 Excel 2010 工作表 Sheet1 中,对单元格 A2～A10、B1～J1 分别输入数据 1～9,在单元格 B2 中输入公式"＝A$2*$B1",然后将单元格 B2 复制到区域 B2:J10,则建立了一张九九乘法表。　　　　　　　　　　　　　　　　　　　　　　　（　　　）

27. 在 Excel 2010 中,用户可根据需求对工作表重新命名,方法是:在工作表标签上单击右键,在弹出的快捷菜单中选择"重命名",工作表标签将反白显示,再输入新的工作表名,按回车键确定。　　　　　　　　　　　　　　　　　　　　　　　　　　（　　　）

28. 若要在 Excel 2010 的工作表中插入行,可单击要插入新行的单元格,选择"插入工作表行"命令,则插入新行,选中单元格所在行向上移动一行。　　　　　　（　　　）

29. 在 Excel 2010 中,分类汇总只适合于按一个字段分类,且每一列数据必须有列标题,分类汇总前必须对分类字段进行排序。　　　　　　　　　　　　　　（　　　）

实验 17　PowerPoint 2010 的基本操作

【实验目的】

1. 掌握 PowerPoint 的基本操作,包括演示文稿的创建、打开和保存;
2. 学会幻灯片的复制、剪切、删除和插入操作的常用方法;
3. 能熟练改变 PowerPoint 中幻灯片的外观。

【实验环境】

1. 中文版 Windows 7;
2. 中文 PowerPoint 2010。

【实验案例】

案例:通过"样本模板"中的"项目状态报告",新建一个演示文稿,并按下列要求进行操作。(通过样本模板建立的演示文稿会自动添加节,可通过单击功能区的"开始"标签的"幻灯片"选项组中的"节"按钮下的"删除所有节"命令,此时,切换到幻灯片浏览视图下进行幻灯片的管理比较方便。)

(1) 将第 4 张幻灯片移到第 1 张幻灯片后;

(2) 将当前第 3 张幻灯片复制到最前面;

(3) 在最后插入一张幻灯片;

(4) 删除当前的第 1、5、6 张幻灯片;

(5) 改变最后一张幻灯片的版式为"比较";

(6) 将演示文稿最后一张幻灯片的背景设置为"水滴"填充,对齐方式为"居中";

(7) 将所有张幻灯片的主题设置为"暗香扑面";

(8) 以"某公司某部门某项目中期报告"为文件名保存该演示文稿在 D 盘。

操作步骤:

(1) 切换到幻灯片浏览视图,单击第 4 张幻灯片,周围出现框线,表示选取,单击功能区的"开始"标签的"剪贴板"组框中的"剪切"。

(2) 单击第 1 张幻灯片的右侧,使之出现一道竖线,按快捷键"Ctrl+V"。

(3) 单击当前的第 3 张幻灯片,按 Ctrl 键,将其拖动至第 1 张幻灯片的左侧。

(4) 单击最后一张幻灯片的右侧,使之出现一道竖线,单击功能区的"开始"标签的"幻灯片"选项组中的"新建幻灯片",将插入一张幻灯片。

(5) 按住"Ctrl"键,分别单击当前的第 1 张、第 5 张和第 6 张幻灯片,按"Del"键。

(6) 选择当前最后一张幻灯片,单击功能区的"开始"的标签,在"幻灯片"选项组中选择"版式"的下拉按钮,在弹出的版式库中选择"比较"。

（7）在该幻灯片的空白处右击鼠标，在弹出的快捷菜单中选择"设置背景格式"，将弹出如图 17-1 所示的"设置背景格式"对话框，在"填充"选项卡的界面上选择"图片或纹理填充"，接着将纹理设置为"水滴"，对齐方式为"居中"，选择"关闭"按钮即可。

图 17-1　"设置背景格式"对话框

（8）单击功能区的"设计"的标签，在"主题"选项组的主题库中选择"暗香扑面"。

（9）单击快速访问工具栏中"保存"图标。

（10）在弹出的对话框中选择 D 盘，在"文件名"框中输入"某公司某部门某项目中期报告"，然后单击"保存"按钮。

最后结果如图 17-2 所示。

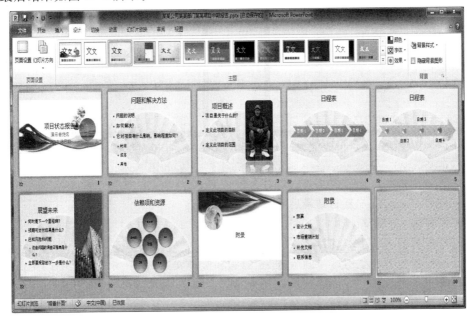

图 17-2　操作后的界面

【实验内容】

1. 通过"样本模板"中的"培训",新建一个演示文稿,并按下列要求进行操作。

(1) 将第 3 张幻灯片与第 4 张幻灯片互换位置;

(2) 将第 2 张幻灯片复制到最后;

(3) 在最后插入一张幻灯片;

(4) 删除当前的第 3、6、8 张幻灯片;

(5) 改变所有幻灯片的版式;

(6) 将演示文稿中的所有幻灯片的背景设置为图案填充"窄横线";

(7) 将所有张幻灯片的主题设置为"角度";

(8) 以"培训建议方案"为文件名保存该演示文稿在 E 盘。

2. 通过"空白演示文稿",新建一个演示文稿,内容如图 17-3 所示,并按下列要求进行操作。

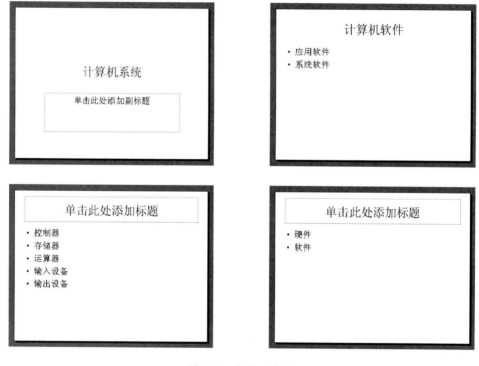

图 17-3　幻灯片内容

(1) 将第 2 张幻灯片与第 4 张幻灯片互换位置;

(2) 将第 1 张幻灯片复制到最后;

(3) 删除最后一张幻灯片;

(4) 在最后插入一张幻灯片;

(5) 改变当前第 2 张幻灯片的版式为"标题和竖排文字";

(6) 将当前第 3 张幻灯片的背景设置为"红色"填充,透明度"50％";

(7) 将当前第 4 张幻灯片的主题设置为"视点";

(8) 以"计算机系统"为文件名保存该演示文稿在 E 盘。

实验 18　PowerPoint 2010 对象的插入与编辑

【实验目的】

1. 学会对幻灯片中各种对象的格式化方法；
2. 熟练运用多种方法在幻灯片中插入各种对象，并进行编辑。

【实验环境】

1. 中文版 Windows 7；
2. 中文 PowerPoint 2010。

【实验案例】

案例：打开实验 17 中的"某公司某部门某项目中期报告"演示文稿，并按下列要求进行操作。

（1）在最后一张幻灯片的标题文本中输入"致谢"；

（2）将当前第 1 张幻灯片中的标题文本内容设置为"中期报告"，字体设置为"隶书"，"32"号，下画线为"红色双线"；

（3）将当前第 2 张幻灯片中的内容文本的大小设置为高度"15 厘米"，宽度"25 厘米"；

（4）在最后一张幻灯片中插入一个来自文件的图片和一个五角星的图形；

（5）将第 8 张幻灯片中的附录改为艺术字，并插入一个 3 行 4 列的表格；

（6）将第 9 张幻灯片中的文本改变成一个"垂直图片重点列表"的 SmartArt 图形；

（7）在第 1 张幻灯片中添加一个录制的声音，在第 6 张幻灯片中插入一段来自网络的视频；

（8）在所有幻灯片中插入页脚，内容为"某公司"，所有幻灯片编号可见。

操作步骤：

（1）双击 D 盘下的"某公司某部门某项目中期报告"文件。

（2）选择最后一张幻灯片，单击其中的标题文本框，并输入"致谢"。

（3）选择当前的第 1 张幻灯片中的标题文本，并将内容编辑为"中期报告"，单击功能区"开始"标签下的"字体"选项组中的右下角的 按钮，将打开"字体"对话框，并做出如图 18-1 所示的设置。

（4）选择第 2 张幻灯片，在内容文本上进行单击，使其出现虚线，在虚线上右击鼠标，在弹出的快捷菜单中选择"设置形状格式"，将弹出"设置形状格式"的对话框，选择"大小"标签，并做出如图 18-2 所示的设置。

（5）选择最后一张幻灯片，单击功能区的"插入"标签，在"图像"选项组中选择"图片"，将弹出如图 18-3 所示的"插入图片"的对话框，选择所需的图片文件。接着，单击功能区的"插入"的标签，在"插图"选项组中选择"形状"的下拉按钮，在弹出的"形状库"中选择"五角星"。

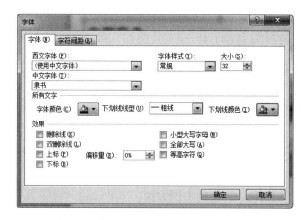

图 18-1 "字体"对话框

图 18-2 "设置形状格式"对话框

图 18-3 "插入图片"对话框

（6）选择第 8 张幻灯片，剪切"附录"二字，单击功能区的"插入"标签，在"文本"选项组中选择"艺术字"的下拉按钮，在"艺术字"界面选择一种样式，粘贴即可。

（7）单击功能区的"插入"标签，在"表格"选项组中选择"表格"的下拉按钮，在弹出的界面上绘制"4×3 表格"，并调整至合适的位置。

（8）选择第 9 张幻灯片中的文本内容，单击功能区的"开始"标签，在"段落"选项组中选择"转换为 SmartArt"的下拉按钮，在弹出的界面上选择"垂直图片重点列表"。

（9）选择第 1 张幻灯片，单击功能区的"插入"标签，在"媒体"选项组中选择"音频"的下拉按钮，在弹出的界面上选择"录制音频"，将弹出如图 18-4 所示的"录音"的对话框，进行录制即可。

图 18-4 "录音"对话框

（10）选择第 6 张幻灯片，单击功能区的"插入"的标签，在"媒体"选项组中选择"视频"的下拉按钮，在弹出的界面上选择"来自网站的视频"，将弹出如图 18-5 所示的"从网站插入视频"的对话框，根据需要进行设置。

图 18-5 "从网站插入视频"对话框

（11）单击功能区的"插入"的标签，在"文本"选项组中选择"页眉和页脚"，将弹出如图 18-6 所示的对话框，勾选"幻灯片编号"和"页脚"选项，并在下方的文本框中输入"某某公司"，单击"全部应用"按钮。

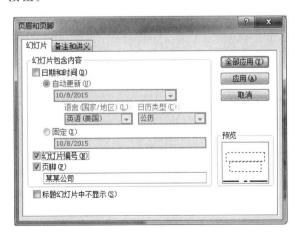

图 18-6 "页眉和页脚"对话框

（12）单击标题栏上的"保存"按钮。

最后结果如图 18-7 所示。

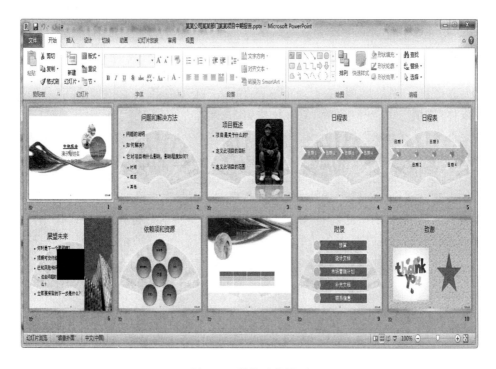

图 18-7　操作后的界面

【实验内容】

1. 打开实验 17 中的"培训建议方案"工作簿，并按下列要求进行操作。

（1）将第 1 张幻灯片中的标题设置为"华文楷体""40 号""加粗""蓝色下画线"；

（2）改变第 2 张幻灯片的项目符号，行距设置为"1.5 倍行距"；

（3）将第 3 张幻灯片中的文本框的线条设置为"红色"的"2 磅线"。

（4）在第 3 张幻灯片中插入一个图片、一个图形；

（5）在第 4 张幻灯片中插入一个艺术字，并插入一个 5 行 4 列的表格；

（6）将第 13 张幻灯片中的文本改变成一个 SmartArt 图形；

（7）在第 15 张幻灯片中添加一个音频；

（8）在第 16 张幻灯片中插入一个视频；

（9）在第 5～10 张幻灯片中插入页脚，内容自定义，所有幻灯片编号可见。

2. 打开实验 17 中的"计算机系统"工作簿，并按下列要求进行操作。

（1）将第 1 张幻灯片中的标题设置为"华文细黑""30 号""加粗""深蓝，文字 2，淡色 40%的下画线"；

（2）改变第 3 张幻灯片的项目符号，行距设置为"单倍行距"；

（3）将第 4 张幻灯片中的文本框设置为"红色填充"。

（4）在第 1 张幻灯片中插入一个有关计算机的图片和一个"虚尾箭头"图形；

（5）在第 2 张幻灯片中插入一个"蓝色,强调文字颜色 1,塑料棱台,映像"的艺术字,并插入一个 3 行 6 列的表格；

（6）将第 3 张幻灯片中的文本改变成一个"基本循环"的 SmartArt 图形；

（7）在第 4 张幻灯片中添加一个音频和一个视频；

（8）所有幻灯片中插入页脚,内容为"Computer",第 2 张和第 4 张幻灯片编号可见。

实验 19　幻灯片的动画效果制作
与放映方式设置

【实验目的】

1. 掌握设置幻灯片的切换效果,动画设置以及插入超级链接的方法;
2. 学会通过"页面设置"和"打印"对话框,对输出的演示文稿进行一些参数的设置。

【实验环境】

1. 中文版 Windows 7;
2. 中文 PowerPoint 2010。

【实验案例】

案例:打开实验 17 中的"某公司某部门某项目中期报告"演示文稿,并按下列要求进行操作。

(1) 幻灯片高度"24"厘米,幻灯片宽度"18"厘米;

(2) 幻灯片起始编号为"10";

(3) 所有幻灯片的切换时间为"10"秒,切换效果设为"粒子输入的碎片";

(4) 将第 2 张幻灯片标题文本动画效果为"自右侧擦除",内容文本动画效果为"随机线条";

(5) 将第 5 张幻灯片中的标题插入一个超链接至百度首页。

(6) 单击第 7 张幻灯片中的标题将打开 Microsoft Word 2010 应用程序,

(7) 在展台浏览方式下放映第 5～10 张幻灯片;

(8) 演示文稿也要能在未安装 PowerPoint 应用程序的环境下放映。

操作步骤:

(1) 双击 D 盘下的"某公司某部门某项目中期报告"文件。

(2) 单击功能区的"设计"标签,在"页面设置"选项组中的选择"页面设置",在弹出的"页面设置"对话框中做出如图 19-1 所示的设置。

图 19-1　"页面设置"对话框

（3）单击功能区的"切换"标签,在"切换到此幻灯片"选项组中选择华丽型下的"碎片",接着在"效果选项"中选择"粒子输入"。在"计时"选项组中的换片方式勾选"设置自动换片时间",并将其设置为"00:10.00",单击"全部应用"按钮。

（4）选择第 2 张幻灯片,在标题文本上进行单击,使其出现虚线,单击功能区的"动画"标签,在"动画"选项组中的选择"擦除",接着在"效果选项"中选择"自右侧"。

（5）接着在内容文本上进行单击,使其出现虚线,单击功能区的"动画"标签,在"动画"选项组中的选择"随机线条"。

（6）选择第 5 张幻灯片中的标题文本,单击功能区的"插入"标签,在"链接"选项组中选择"超链接",在弹出的"插入超链接"对话框中做出如图 19-2 所示的设置。

图 19-2 "插入超链接"对话框

（7）选择第 7 张幻灯片中的标题文本,单击功能区的"插入"标签,在"链接"选项组中的选择"动作",在弹出的"动作设置"对话框中做出如图 19-3 所示的设置。

图 19-3 "动作设置"对话框

（8）单击功能区的"幻灯片放映"标签,在"设置"选项组中的选择"设置幻灯片放映",在弹出的"设置放映方式"对话框中做出如图 19-4 所示的设置。

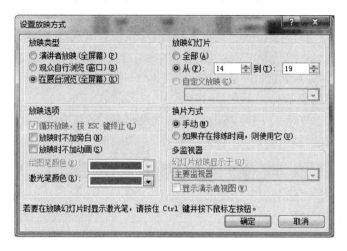

图 19-4　"设置放映方式"对话框

（9）单击功能区"文件"标签下的"另存为",在弹出的"另存为"对话框中做出如图 19-5 所示的设置。

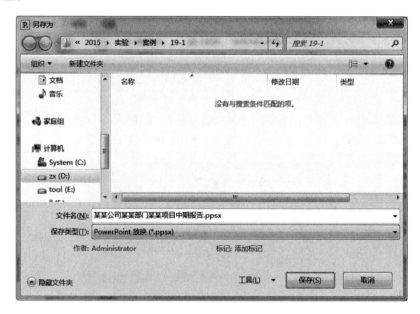

图 19-5　"另存为"对话框

最后结果如图 19-6 所示。

【实验内容】

1. 打开实验 18 中的"培训建议方案"工作簿,并按下列要求进行操作。

（1）幻灯片大小为"A4";

（2）幻灯片起始编号为"0";

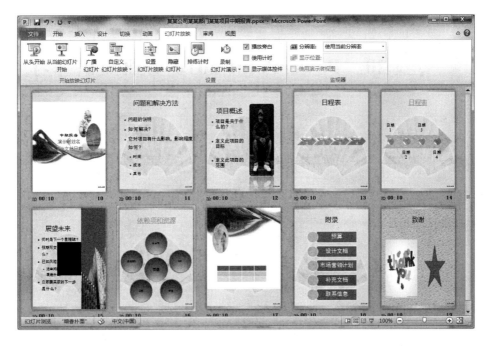

图 19-6 操作后的界面

（3）所有幻灯片的切换时间为一分钟，切换效果设为"逆时针的时针"；

（4）为每张幻灯片中的文本添加不同的动画效果；

（5）将第 6 张幻灯片中的标题插入一个超链接至新建文档中；

（6）鼠标移动至第 9 张幻灯片中的标题将打开某一应用程序；

（7）观众自行浏览方式下放映第 4～12 张幻灯片；

（8）演示文稿也要能在未安装 PowerPoint 应用程序的环境下放映。

2. 打开实验 18 中的"计算机系统"工作簿，并按下列要求进行操作。

（1）幻灯片高度"15"厘米，幻灯片宽度"30"厘米；

（2）幻灯片起始编号为"3"；

（3）幻灯片方向设置为"横向"；

（4）每张幻灯片的动画效果要贴切、丰富，幻灯片切换效果要恰当、多样；

（5）将第 4 张幻灯片中的标题插入一个超链接至第 1 张幻灯片；

（6）单击第 2 张幻灯片中的标题将结束放映；

（7）循环放映所有幻灯片；

（8）演示文稿也要能在未安装 PowerPoint 应用程序的环境下放映。

实验 20　PowerPoint 2010 基础知识练习

【实验目的】

掌握本章的基础知识,学会在计算机上做习题方法,为今后各种考核作准备。

【实验环境】

1. 中文版 Windows 7;
2. 中文 PowerPoint 2010。

【实验方法】

把老师提供的"多媒体技术基础知识"试题的 Word 文档复制到自己工作计算机上,打开该文档,仔细阅读每道题目,把每题的正确答案填写到该题目中的括号中。做完后保存好自己的文档(最好用自带的 U 盘保存),课堂上最后 10 分钟再与老师给的参考答案核对,修改后保存。

【实验内容】

PowerPoint 2010 基础知识习题

一、下列习题都是单选题,请选择 A、B、C、D 中的一个字母写到本题的括号中。

1. 在幻灯片浏览视图中,要删除选中的幻灯片,不能实现的操作是(　　　)。

A. 按下键盘上的 Delete 的键　　　　B. 按下键盘上的 Backspace 键

C. 选择相关功能区的"隐藏幻灯片"按钮　D. 在快捷菜单中选择"删除幻灯片"命令

2. PowerPoint 2010 主窗口的右下方有四个显示方式切换按钮:"普通视图""阅读视图""幻灯片放映"和(　　　)。

A. 全屏显示　　　　B. 主控文档　　　　C. 幻灯片浏览　　　D. 文本视图

3. 在以下(　　　)中,不能进行文字编辑与格式化。

A. 幻灯片窗格　　　B. 大纲窗格　　　　C. 幻灯片浏览　　　D. 普通视图

4. (　　　)不是合法的"打印内容"选项。

A. 大纲　　　　　　B. 幻灯片　　　　　C. 备注页　　　　　D. 幻灯片浏览

5. 关于幻灯片母版,以下说法中错误的是(　　　)。

A. 可以通过鼠标操作在各类模板之间直接切换

B. 由于演示文稿中幻灯片的版式的多样,也将出现多种不同类型的母版

C. 在母版中定义标题的格式后,在幻灯片中还可以修改

D. 在母版中插入图片对象后,在幻灯片中可以根据需要进行编辑

6. 对于知道如何建立一新演示文稿内容但不知道如何使其美观的使用者来说,在

PowerPoint 2010 启动后应选择（　　　）。

A．主题　　　　　　B．样本模板　　　　C．空白演示文稿　　D．根据现有内容新建

7．以下（　　　）不是 PowerPoint 2010 的视图方式。

A．页面视图　　　B．普通视图　　　C．幻灯片浏览视图　D．阅读视图

8．PowerPoint 2010 演示文稿文件的扩展名是（　　　）。

A．．doc　　　　　B．．ppt　　　　　　C．．pptx　　　　　　D．．xls

9．当一篇演示文稿保存并关闭 PowerPoint 应用程序后，不能再次打开此演示文稿的方法是（　　　）。

A．通过"开始"菜单中的"文档"

B．通过"开始"菜单中的"查找"

C．通过"开始"菜单中的"打开 Office 文档"

D．通过"开始"菜单中的"新建 Office 文档"

10．Windows 7 中启动 PowerPoint 的方法（　　　）。

A．只有一种　　　B．只有两种　　　C．有两种以上　　D．有无数种

11．在幻灯片放映时，如果使用画笔，则错误的说法是（　　　）。

A．可以在画面上随意图画

B．可以随时更换绘笔的颜色

C．在幻灯片上做的记号将在退出幻灯片时不予以保留

D．在当前幻灯片上所做的记号，当再次返回该页时仍然存在

12．关于幻灯片的编号，以下叙述中有（　　　）项是不正确的。

A．可以任意指定幻灯片编号内容　　　B．可以在幻灯片的任何位置添加

C．可以在"页眉和页脚"命令中设置　　D．可以在母版中设置

13．以下（　　　）是无法打印出来的。

A．幻灯片中的图片　　　　　　　　　B．幻灯片中的动画

C．母版上设置的标志　　　　　　　　D．幻灯片的展示时间

14．在幻灯片浏览视图中，以下（　　　）是不可以进行的操作。

A．插入幻灯片　　　　　　　　　　　B．删除幻灯片

C．改变幻灯片的顺序　　　　　　　　D．编辑幻灯片中的文字

15．在美化演示文稿版面时，以下不正确的说法是（　　　）。

A．套用主题后将使整套演示文稿有统一的风格

B．可以对某张幻灯片的背景进行设置

C．可以对某张幻灯片修改配色方案

D．无论是套用主题、修改配色方案、设置背景，都只能使各张幻灯片风格统一

16．如要终止幻灯片的放映，可直接按（　　　）键。

A．Alt＋F4　　　B．Esc　　　　　C．Ctrl＋C　　　　D．End

17．以下功能区（　　　）标签项是 PowerPoint 特有的。

A．视图　　　　　B．开始　　　　　C．幻灯片放映　　D．审阅

18．某一文字对象设置了超级链接后，不正确的说法是（　　　）。

A．在演示该幻灯片时，当鼠标指针移到文字对象上会变成"手"形

B. 在幻灯片窗格中,当鼠标指针移到文字对象上会变成"手"形

C. 该文字对象的颜色会以默认的配色方案显示

D. 可以改变文字的超级链接颜色

19. PowerPoint 2010 中文版是运行在(　　　)上的演示文稿制作软件。

A. MS-DOS 6.0　　B. 中文 DOS 6.0　　C. 西文 Windows　　D. 中文 Windows

20. 添加动画时,以下不正确的说法是(　　　)。

A. 各种对象均可设置动画　　　　　　B. 动画设置后,先后顺序不可改变

C. 同时还可配置声音　　　　　　　　D. 可将对象设置成播放后隐藏

21. 在一张幻灯片中,若对一幅图片及文本框设置成一致的动画显示效果时,则(　　　)是正确的。

A. 图片有动画效果,文本框没有动画效果

B. 图片没有动画效果,文本框有动画效果

C. 图片有动画效果,文本框也有动画效果

D. 图片没有动画效果,文本框也没有动画效果

22. 在幻灯片中,若将已有的一幅图片需放置标题的背后,则正确的操作方法是:选中"图片"对象,在快捷菜单中单击(　　　)命令。

A. 置于顶层　　　B. 置于底层　　　C. 置于文字上方　　D. 置于文字下方

23. 对某张幻灯片进行了隐藏设置后,则(　　　)。

A. 幻灯片窗格中,该张幻灯片被隐藏了

B. 在普通视图中,该张幻灯片被隐藏了

C. 在幻灯片浏览视图状态下,该张幻灯片被隐藏了

D. 在幻灯片演示状态下,该张幻灯片被隐藏了

24. 在设置超级链接时,可以从"(　　　)"标签中选中"(　　　)"命令。

A. 插入　超链接　　　　　　　　　　B. 幻灯片放映　超级链接

C. 幻灯片放映　动作设置　　　　　　D. 幻灯片放映　自定义放映

25. 对整个幻灯片进行复制粘贴的功能,只能在(　　　)状态下实现。

A. 页面视图　　B. 幻灯片放映　　C. 幻灯片浏览　　D. 阅读视图

26. 在幻灯片的"动作设置"功能中不可通过(　　　)来触发多媒体对象的演示。

A. 单击鼠标　　B. 移动鼠标　　C. 双击鼠标　　D. 单击和移动鼠标

27. 在使用 PowerPoint 编辑文本框、图形框等对象时,需对它们进行旋转,则(　　　)。

A. 只能进行 90°的旋转　　　　　　　B. 只能进行 180°的旋转

C. 只能进行 360°的旋转　　　　　　　D. 可以进行任意角度的旋转

28. 幻灯片中使用了某种主题以后,若需进行调整,则(　　　)说法是正确的。

A. 确定了某种主题后就不能进行调整了

B. 确定了某种主题后只能进行清除,而不能调整主题

C. 只能调整为其他形式的主题,不能清除主题

D. 既能调整为其他形式的主题,又能清除主题

29. 在幻灯片母版设置中,可以起到(　　　)的作用。

A. 统一整套幻灯片的风格　　　　　　B. 统一标题内容

C. 统一图片内容 D. 统一页码内容

30. 在"动画"的设置中,( )是正确的。

A. 只能用鼠标来控制,不能用时间来设置控制

B. 只能用时间来控制,不能用鼠标来设置控制

C. 既能用鼠标来设置控制,也能用时间设置控制

D. 鼠标和时间都不能设置控制

31. 在( )视图中,可看到以缩略图方式显示的多张幻灯片。

A. 阅读 B. 页面 C. 幻灯片浏览 D. 普通

32. 单击"幻灯片放映"视图按钮,将在屏幕上看到( )。

A. 从第一张幻灯片开始全屏幕放映所有的幻灯片

B. 从当前幻灯片开始放映剩余的幻灯片

C. 只放映当前的一张幻灯片

D. 按照幻灯片设置的时间放映全部幻灯片

33. 在状态栏中出现了"幻灯片 2/7"的文字,则表示( )。

A. 共有 7 张幻灯片,目前只编辑了 2 张

B. 共有 7 张幻灯片,目前显示的是第 2 张

C. 共编辑了七分之二张的幻灯片

D. 共有 9 张幻灯片,目前显示的是第 2 张

34. 当一张幻灯片里建立了超级链接时,( )说法是错误的。

A. 可以链接到其他的幻灯片上 B. 可以链接到本页幻灯片上

C. 可以链接到其他演示文稿上 D. 不可以链接到其他演示文稿上

35. 在打印幻灯片时,( )说法是不正确的。

A. 被设置了演示时隐藏的幻灯片也能打印出来

B. 打印可将文档打印到磁盘

C. 打印时只能打印一份

D. 打印时可按讲义形式打印

36. 有一个演示文稿,共有 5 张幻灯片,现选中第 4 张幻灯片,在完成了改变幻灯片背景的设置后,单击"关闭"按钮,它的功能是( )。

A. 第 4 张幻灯片的背景被改变了

B. 从第 4 张开始到最后的幻灯片背景被改变了

C. 从第 1 张开始到第 4 张的幻灯片背景被改变了

D. 所有幻灯片的背景改变了

37. 在幻灯片版式的链接功能中( )不能进行链接的设置。

A. 文本内容 B. 图表对象 C. 图片对象 D. 音频对象

38. 在 PowerPoint 2010 中演示文稿中,将某张幻灯片版式更改为"垂直排列标题与文本",应选择的标签是( )。

A. 视图 B. 插入 C. 开始 D. 幻灯片放映

39. 在 PowerPoint 2010 中,如果要同时选中几个对象,按住( ),然后逐个单击待选的对象。

A. Shift   B. Ctrl   C. Ctrl+Alt   D. Alt

40. 以下关于文字对象操作中错误的说法是(　　)。

A. 凡是能用鼠标指针变成"I"形的对象都是文字对象

B. 只有当鼠标指针变为十字箭头形状时,才能选定文字对象

C. 当选定文字对象中的文字时,不能对整个文字对象进行边框的格式化

D. 无论是否选中文字对象中的文字,都可以重新定义文字的颜色

41. 以下说法中,正确的是(　　)。

A. 幻灯片中的图片和其他对象,在大纲窗格中也能反映出来

B. 大纲窗格是可以用来编辑修改幻灯片中对象的位置

C. 备注页视图中的幻灯片是一张图片,可以被拖动

D. 对应于四种视图,PowerPoint 有四种母版

42. 希望在编辑幻灯片内容时,其大小与窗口大小相适应,应选择(　　)。

A. "页面设置"对话框中设置   B. "缩至一页"命令

C. "显示比例"对话框中的"100％"   D. "显示比例"对话框中的"最佳"

43. PowerPoint 中,要切换到幻灯片的黑白视图,请选择(　　)。

A. "幻灯片放映"   B. "幻灯片浏览"

C. "黑白模式"   D. "幻灯片缩图"

44. 以下说法中错误的是(　　)。

A. 可以在幻灯片放映时将鼠标指针永远隐藏起来

B. 可以在幻灯片放映时将鼠标指针暂时隐藏起来,移动鼠标器后显示出来

C. 可以在幻灯片放映时将鼠标指针改为铅笔形状

D. 可以在幻灯片放映时将鼠标指针改为立方体形状

45. 需要一幅剪贴画和一个椭圆能够一起拖曳,以下操作不正确的是(　　)。

A. 将这两个对象组合在一起

B. 按住 Shift 键不放,然后分别单击同时选中这两个对象

C. 通过鼠标拖曳同时选定这两个对象

D. 使这两个对象有相互交叉的地方

46. 以下关于在大纲视图窗格编辑演示文稿的说法错误的是(　　)。

A. 在大纲窗格中,可以移动或复制整张幻灯片

B. 在大纲窗格中,不可以改变标题文字的颜色和大小

C. 在大纲窗格中,可以查找或替换整个演示文稿中的所有文字

D. 在大纲窗格中,单击幻灯片图标,可以选定幻灯片的所有标题

47. 在 PowerPoint 中,"视图"这个名词表示(　　)。

A. 一种图形   B. 显示幻灯片的方式

C. 编辑演示文稿的方式   D. 一张正在修改的幻灯片

48. 在以下(　　)中,能进行幻灯片的移动和复制。

A. 阅读视图   B. 幻灯片放映视图 C. 幻灯片浏览   D. 备注页视图

49. 关于剪贴板,下列说法错误的是(　　)。

A. 剪贴板上每次只能放置一项内容,即后续项目取代前一次的项目

B. 剪贴板可以存放历史上最后24次剪切的内容

C. 选中对象后,执行"剪切"命令,选中的内容进入剪贴板

D. 选中对象后,执行"复制"命令,选中的内容进入剪贴板

50. 关于排练计时,以下的说法中正确的是(   )。

A. 必须通过"排练计时"命令,设定演示时幻灯片的播放时间长短

B. 可以设定演示文稿中的部分幻灯片具有定时播放效果

C. 只能通过排练计时来修改设置好的自动演示时间

D. 可以通过"设置放映方式"对话框来应用排练计时时间

51. 关于幻灯片母版,以下说法中错误的是(   )。

A. 可以通过鼠标操作在各类母版之间直接切换

B. 单击幻灯片视图状态切换按钮,可以出现五种不同的母版

C. 在母版中定义了标题字体的格式后,在幻灯片中还可以修改

D. 在母版中插入的图片对象,每张幻灯片中都可以看到

52. 幻灯片中占位符的作用是(   )。

A. 表示文本长度　　　　　　　　　B. 限制插入对象的数量

C. 表示图形的大小　　　　　　　　D. 为文本、图形等预留位置

53. 在大纲窗格中输入演示文稿的标题时,可以(   )将大标题转换为小标题。

A. 按键盘上的回车键　　　　　　　B. 按键盘上的向下方向键

C. 按键盘上的 Tab 键　　　　　　　D. 按键盘上的 Shift＋Tab 组合键

54. 在以下(   )中,可以进行图片的编辑与格式化。

A. 页面视图　　　　B. 普通视图　　　　C. 幻灯片浏览视图　D. 阅读视图

55. 以下关于状态栏的说法中,错误的是(   )。

A. 状态栏总是位于窗口的底部

B. 通过状态栏可以知道当前幻灯片在整个演示文稿中属于第几张

C. 通过状态栏可以知道演示文稿所用的主题

D. 状态栏中的拼写检查图标在没有发现错误字显示勾,在有错别字时显示叉

56. 幻灯片上可以插入(   )多媒体信息。

A. 音乐、图片、Word 文档　　　　　B. 声音和超链接

C. 声音和动画　　　　　　　　　　D. 剪贴画、图片、声音和影片

57. 幻灯片的填充背景可以是(   )。

A. 调色板列表中选择的颜色　　　　B. 自己通过三原色调制的颜色

C. 磁盘上的图片　　　　　　　　　D. 以上都可以

58. 在 PowerPoint 编辑状态下,采用鼠标拖动的方式进行复制,要先按住(   )键。

A. Ctrl　　　　　B. Shift　　　　　C. Alt　　　　　　D. Tab

59. 超级链接只有在下列哪种视图中才能被激活(   )。

A. 页面视图　　　　B. 普通视图　　　　C. 幻灯片浏览视图　D. 幻灯片放映视图

60. 排练计时,在哪种视图中能被应用(   )。

A. 页面视图　　　　B. 普通视图　　　　C. 幻灯片浏览视图　D. 幻灯片放映视图

61. 在 PowerPoint 中,"背景"设置中的"填充效果"所不能处理的效果是(   )。

A. 图片　　　　　　B. 图案　　　　　　C. 纹理　　　　　　D. 文本和线条

62. 要从一张幻灯片"溶解"到下一张幻灯片,应使用(　　　)命令。

A. 动作设置　　　B. 动画方案　　　C. 幻灯片切换　　　D. 自定义动画

63. 要 PowerPoint 超级链接的目标中不包括(　　　)。

A. 书签　　　　　B. 文件　　　　　C. 文件夹　　　　　D. 网页

64. 下列各命令中,可以在计算机屏幕上放映演示文稿的是(　　　)。

A. "排练计时"命令　　　　　　　　B. "设置幻灯片放映"命令

C. "幻灯片放映"按钮　　　　　　　D. "幻灯片浏览"命令

65. 在 PowerPoint 中保存演示文稿时,若要保存为"PowerPoint 放映"文件类型时,其扩展名为(　　　)。

A. .txtx　　　　　B. .pptx　　　　　C. .ppsx　　　　　D. .basx

66. 下列关于幻灯片打印操作的描述不正确的是(　　　)。

A. 不能将幻灯片打印文件

B. 彩色幻灯片能以黑白方式打印

C. 能够打印指定编号的幻灯片

D. 打印纸张大小由"页面设置"对话框定义

67. 在 PowerPoint 中,下列有关选定幻灯片的说法错误的是(　　　)。

A. 在幻灯片浏览视图中单击,即可选定

B. 要选定多张不连续的幻灯片,在幻灯片浏览视图下按住 Ctrl 键并单击各幻灯片即可

C. 在幻灯片浏览视图中,若要选定所有幻灯片,应使用 Ctrl+A 键

D. 在幻灯片放映视图下,也可选定多个幻灯片

68. 如果要将幻灯片顺序方向改变为纵向,应使用的对话框是(　　　)。

A. "页面设置"　　　　　　　　　　B. "打印"

C. "幻灯片版式"　　　　　　　　　D. "设计"

69. 在 PowerPoint 中,对于已创建的多媒体演示文档,可以用下列(　　　)命令转移到其他未安装 PowerPoint 的机器上放映。

A. 打包　　　　　B. 设计　　　　　C. 复制　　　　　D. 幻灯片放映

70. 关于幻灯片切换,下列说法正确的是(　　　)。

A. 可设置进入效果　　　　　　　　B. 可设置切换音效

C. 可用鼠标单击切换　　　　　　　D. 以上都对

71. 关于修改母版,下列说法正确的是(　　　)。

A. 母版不能修改　　　　　　　　　B. 幻灯片编辑状态就可以修改

C. 进入母版修改状态就可以修改　　D. 以上说法都不对

72. 关于演示文稿下列说法错误的是(　　　)。

A. 可以有很多页　　　　　　　　　B. 可以调整文字的位置

C. 不能改变文字大小　　　　　　　D. 可以有画面

73. 在 PowerPoint 2010 中,关于动画效果,下列说法正确的是(　　　)。

A. 可以调整顺序　　B. 有些可设置参数　　C. 可以带声音　　D. 可上都对

74. 在 PowerPoint 2010 中,画矩形时,按住( )能画正方形。

A. Ctrl 键 　　　　B. Alt 键 　　　　C. Shift 键 　　　　D. 以上都不对

75. 在 PowerPoint 2010 中,在演示文稿中插入一张幻灯片,则( )。

A. 能改变大小 　　B. 能修改位置 　　C. 能播放 　　　　D. 以上都对

76. 在 PowerPoint 2010 中,可以为一种元素设置( )动画效果。

A. 一种 　　　　　B. 多种 　　　　　C. 不多于两种 　　D. 以上都不对

77. 在演示文稿中插入幻灯片应使用( )标签。

A. "视图" 　　　　B. "插入" 　　　　C. "开始" 　　　　D. "动画"

78. 设置好的切换效果,可以应用于( )。

A. 所有幻灯片 　　B. 一张幻灯片 　　C. A 和 B 都对 　　D. A 和 B 都不对

79. 设置一张幻灯片切换效果时,可以( )。

A. 使用多种形式 　　　　　　　　　　B. 只能使用一种

C. 最多可以使用五种 　　　　　　　　D. 以上都不对

80. 在 PowerPoint 2010 中,( )元素可以添加动画效果。

A. 文字 　　　　　B. 图片 　　　　　C. 文本框 　　　　D. 以上都可以

81. 在 PowerPoint 2010 中,下列说法正确的是( )。

A. 一组艺术字中的不同字符可以有不同的字体

B. 一组艺术字中的不同字符可以有不同的字号

C. 一组艺术字中的不同字符可以有不同的字体、字号

D. 以上三和说法均不正确

82. 下列有关 PowerPoint 演示文稿播放的控制方法描述错误的是( )。

A. 可以用键盘控制播放

B. 可发用鼠标控制播放

C. 单击鼠标,幻灯片可切换到"下一张"而不能切换到"上一张"

D. 按"↓"键切换到"下一张",按"↑"切换到"上一张"

83. 将 PowerPoint 幻灯片设置为"循环放映"的方法是( )。

A. "设置放映方式"对话框 　　　　　B. "动画方案"对话框

C. "幻灯片切换"对话框 　　　　　　D. "幻灯片版式"对话框

84. 关闭 PowerPoint 2010 的正确操作应该是( )。

A. 单击 PowerPoint 2010 标题栏右上角的关闭按钮

B. 关闭显示器

C. 拔掉主机电源

D. Ctrl＋Alt＋Del 重启计算机

85. 在放映幻灯片时,如果需要从第 1 张切换至第 5 张,最佳的方法( )。

A. 右击幻灯片,在快捷菜单中定位至第 5 张

B. 在放映时,单击鼠标左键

C. 放映时双击第 5 张就可切换

D. 放映时不能从第 1 张直接切换至第 5 张

86. 在 PowerPoint 中不可以插入( )文件。

A. EXE   B. WAV   C. BMP   D. WMA

87. 在( )视图中,用户可以看到画面在上下两半,上面是幻灯片,下面是文本框,可以记录演讲者讲演时所需的一些提示重点。

A. 备注页视图   B. 浏览视图   C. 幻灯片视图   D. 黑白视图

88. PowerPoint 中,关于表格,下列说法错误的是( )。

A. 可以向表格中插入新行和新列   B. 不能合并和拆分单元格

C. 可以改变列宽和行高   D. 可以给表格添加边框

89. PowerPoint 是制作演示文稿的软件,一旦演示文稿制作完毕,下列相关说法中错误的是( )。

A. 可以制成标准的幻灯片,在投影仪上显示出来

B. 不可以把它们打印出来

C. 可以在计算机上演示

D. 可以加上动画、声音等效果

90. PowerPoint 中,下列说法正确的是( )。

A. 不可以在幻灯片中插入剪贴画和自定义图像

B. 可以在幻灯片中插入声音和影像

C. 不可以在幻灯片中插入艺术字

D. 不可以在幻灯片中插入超链接

二、判断题(请在正确的题后括号中打√,错误的题后括号中打×。)

1. PowerPoint 中所有命令只对当前演示文稿发生作用。   ( )

2. 使用主题创建演示文稿,将控制当前演示文稿的文本格式和版式。   ( )

3. 在 PowerPoint 的普通视图中,单击幻灯片编号可以选择整个幻灯片。   ( )

4. PowerPoint 中的文本操作大多数可以使用快捷菜单实现。   ( )

5. 在一个演示文稿中可以为不同的幻灯片应用不同的主题。   ( )

6. 在幻灯片母版中设置了统一的背景格式后,还可以在普通视图下的幻灯片窗格中进行编辑和修改。   ( )

7. 通过功能区"插入"标签中的"幻灯片编号"命令可以控制整个演示文稿中幻灯片编号。   ( )

8. 在对幻灯片中图片格式化时,可以通过"设置透明色"按钮,将组合后的绘制图形某一色设置为透明。   ( )

9. 幻灯片中的各种对象的快捷菜单中都有隐藏或显示图片工具栏的命令。   ( )

10. PowerPoint 中可以设置幻灯片放映时不显示幻灯片上的某一图片。   ( )

11. 在幻灯片演示时不能够更改幻灯片上的图形。   ( )

12. 在 PowerPoint 中要将两个图形对象组合成一个对象,可使用快捷菜单中的"组合"命令。   ( )

13. 在 PowerPoint 中编辑文本框、图形等对象时,可以通过他们的 8 格控制点来改变它的高度和宽度。   ( )

14. 在幻灯片浏览视图中,利用键盘删除幻灯片,正确的操作方法是先选中该幻灯片,再按 Alt 键。   ( )

15. 在PowerPoint的幻灯片浏览视图下,可以进行调整个别幻灯片位置、删除个别幻灯片、编辑个别幻灯片内容、复制个别幻灯片操作。　　　　　　　　　　（　　）

16. PowerPoint中,如果要裁剪图片,单击选定图片,再单击"图片工具"功能区中的"裁剪"按钮。　　　　　　　　　　　　　　　　　　　　　　　　　　　（　　）

17. 采用鼠标拖动的方式能够改变自选图形的大小与位置。　　　　　　（　　）

18. 修改母版将对演示文稿中所有的幻灯片带来影响。　　　　　　　　（　　）

19. 在PowerPoint中的状态栏出现了"幻灯片3/9"的文字,则表示"共有9张幻灯片,目前只编辑了3张"。　　　　　　　　　　　　　　　　　　　　　　　　（　　）

20. PowerPoint中自带了很多图片文件,通过插入自选图形,可将它们加入到演示文稿中。　　　　　　　　　　　　　　　　　　　　　　　　　　　　　　　（　　）

21. PowerPoint 2010主要是用来制作演示文稿的专业软件。　　　　　　（　　）

22. 在PowerPoint中,用"新建"命令可在文件中添加一张幻灯片。　　　（　　）

23. PowerPoint 2010中,对于演示文稿中不准备放映的幻灯片可以用"隐藏幻灯片"命令隐藏。　　　　　　　　　　　　　　　　　　　　　　　　　　　　　（　　）

24. 在PowerPoint 2010中,幻灯片的移动、复制、删除等操作在"幻灯片浏览"视图中最方便。　　　　　　　　　　　　　　　　　　　　　　　　　　　　　　　（　　）

25. 在PowerPoint中,只有单击鼠标时才能进行换页。　　　　　　　　（　　）

26. 在PowerPoint的普通视图下的大纲窗格中,以条目的形式显示,并在右边显示幻灯片的预览效果。　　　　　　　　　　　　　　　　　　　　　　　　　　（　　）

27. 在PowerPoint中不只一种方法可以实现幻灯片的自动播放。　　　　（　　）

28. PowerPoint的幻灯片浏览视图中,在同一窗口能显示多个幻灯片,并在幻灯片的下面显示它的编号。　　　　　　　　　　　　　　　　　　　　　　　　　（　　）

29. PowerPoint的阅读视图中,可以设置绘图笔,加入屏幕注释,或者指定切换到特定的幻灯片等。　　　　　　　　　　　　　　　　　　　　　　　　　　　　（　　）

30. 幻灯片的版式是指文本、图形、表格等在幻灯片中的位置和排列方式。（　　）

实验 21 局域网的基本设置和使用

【实验目的】

1. 掌握计算机局域网的互联方法；
2. 掌握计算机局域网通信协议的基本设置；
3. 理解与掌握在局域网中访问共享的信息资源。

【实验环境】

1. 两台以上通过交换机互联在一起的计算机；
2. 中文版 Windows 7 或以上版本。

【实验案例】

案例 1：计算机局域网网络适配器的基本设置

操作步骤：

1. 首先打开控制面板，然后选择设备管理器，打开设备管理器的窗口，如图 21-1 所示。

图 21-1 设备管理器的窗口

2. 在设备管理器窗口中选定机器名后右击鼠标，如图 21-2 所示。在弹出的菜单栏中点击"添加过时硬件",将弹出图 21-3 所示"添加硬件"对话框。

图 21-2　选定机器名后右击鼠标弹出的菜单

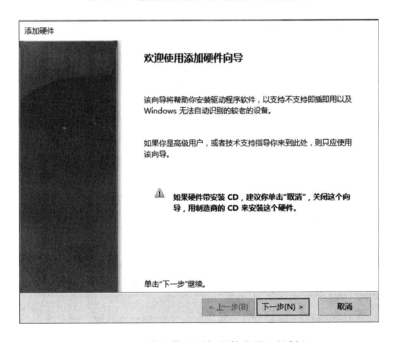

图 21-3　"欢迎使用添加硬件向导"对话框

3. 在接下显示的"欢迎使用添加硬件向导"对话框中,直接点击"下一步"。

4. 在"这个向导可以帮助你安装其他的硬件"对话框中,选择"安装我手动从列表选择的硬件",如图 21-4 所示,点击"下一步"。

5. 在"从以下列表,选择要安装的硬件类型"对话框中,选择"网络适配器",如图 21-5 所示,点击"下一步"。

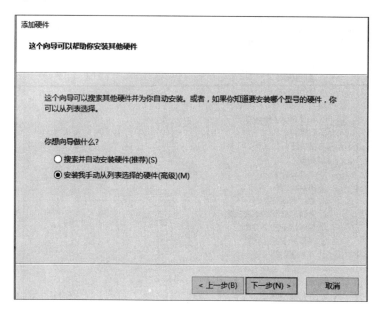

图 21-4 "这个向导可以帮助你安装其他硬件"对话框

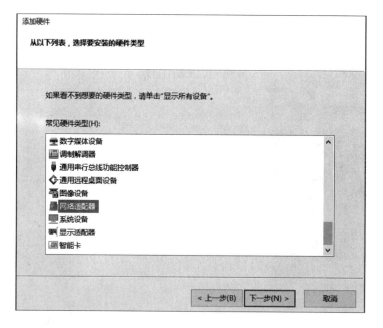

图 21-5 "选择要安装的硬件类型"对话框

6. 在"选择要为此硬件安装的设备驱动程序"对话框中,选择网络适配器的厂商和型号,如图 21-6 所示,点击"下一步"安装开始,完成安装后,就会在网络适配器项发现新的网卡出现。

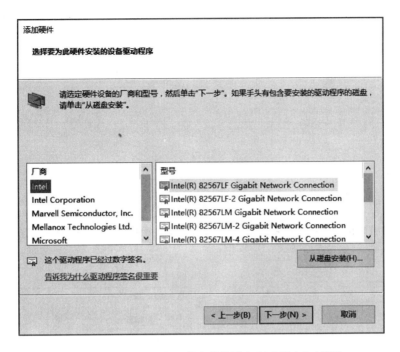

图 21-6 "选择要为此硬件安装的设备驱动程序"对话框

案例 2：配置计算机 TCP/IP 访问协议和设置 IP 地址和子网掩码

操作步骤：

1. 在桌面上右击"网络"图标,在弹出的下拉列表中,选择"属性",点击打开,将弹出"网络和共享中心"的新窗口,如图 21-7 所示。

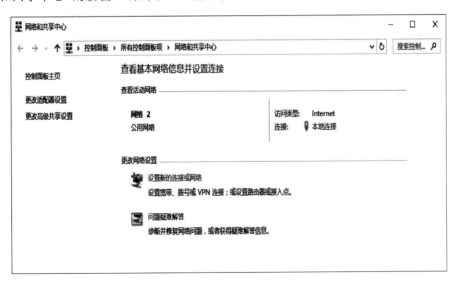

图 21-7 "网络和共享中心"窗口

2. 在打开的"网络和共享中心"窗口中,选择窗口左上角"更改适配器"点击打开,如图 21-8 所示。

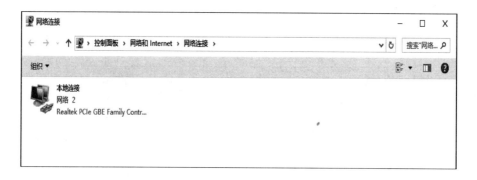

图 21-8 "网络连接"窗口

3. 双击打开"本地连接"图标,会弹出一新窗口,如图 21-9 所示,然后点击"属性"图标,会弹出一新窗口,如图 21-10 所示。

图 21-9 "本地连接 状态"对话框

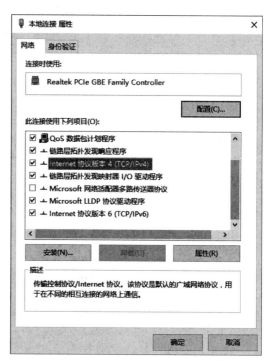

图 21-10 "本地连接 属性"对话框

4. 在打开的窗口中选种"Internet 协议版本 4(TCP/IPv4)",点击"属性"图标,会弹出一新窗口,如图 21-11 所示。

5. 此时选择"使用下面的 IP 地址"进行 IP 地址的配置。配置完成后结果如图 21-12 所示。

图 21-11 配置前的"Internet 协议版本 4(TCP/IPv4) 属性"对话框

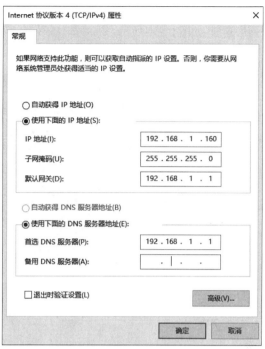

图 21-12 配置后的"Internet 协议版本 4(TCP/IPv4) 属性"对话框

案例 3：通过 PING 命令来测试网络的连通情况

操作步骤：

1. 按住键盘上的"Win＋R"组合键，调出 Win7（或 Win 7 以上版本）运行窗口，如图 21-13 所示。

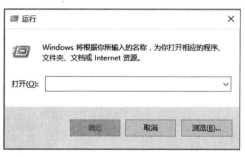

图 21-13 "运行"窗口

2. 在运行窗口中输入 cmd 命令，单击"确定"按钮将调出命令提示符面板，如图 21-14 所示。

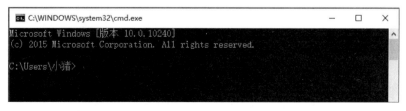

图 21-14 Windows 命令窗口

3. 在光标所在位置输入命令 ping 192.168.1.1(另一台计算机 IP 地址),查看测试结果确保网络连通,如图 21-15 所示。

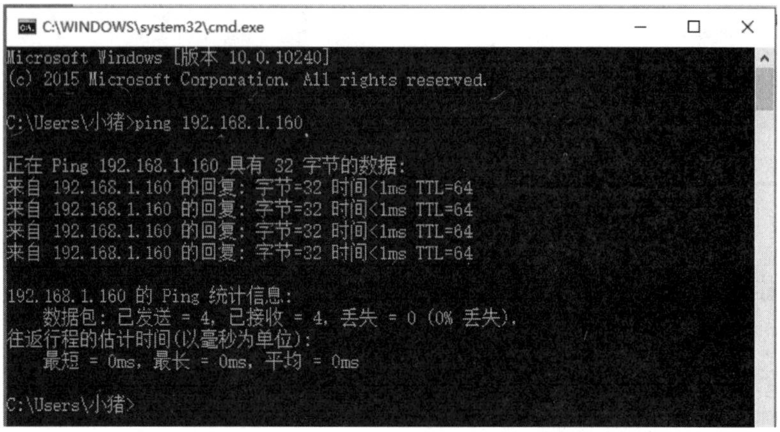

图 21-15　通过 PING 命令测试局域网的连通情况

【实验内容】

1. 学生为自己的计算机添加网卡驱动程序(如已经添加好了可以略去此步)。

2. 学生两两互为一组对各自的计算机配置 TCP/IP 协议。(注意:IP 地址应该处于同一个网段中且在同一个局域网中不能出现相同的 IP 地址,例如大家都是 192.168.1.×)

3. 学生查看计算机的主机名和所在工作组情况。

4. 学生在各自的计算机中创建一个共享文件夹,通过网上邻居相互访问共享资源。

实验 22　Internet 网络信息的
浏览、检索与获取

【实验目的】

1. 练习使用 IE10.0 浏览 Internet 信息；
2. 练习 IE10.0 的基本设置；
3. 练习保存网页中各种信息的方法；
4. 练习使用搜索引擎检索网络信息。

【实验环境】

1. 学生计算机连接到 Internet 网络；
2. 中文版 Windows 7 或以上版本。

【实验案例】

案例 1：用 IE 浏览 Internet 信息并进行 IE 基本设置

操作步骤：

1. 在桌面上双击 IE 10.0 图标，打开 IE10.0 浏览器窗口，在地址栏里输入想要访问的网站的域名地址，例如 www. ndkj. com. cn，回车后浏览器中将显示南昌大学科学技术学院的网站首页信息，如图 22-1 所示。

图 22-1　IE10.0 窗口界面

2. 在打开的浏览器窗口右上角中单击 ❀（工具图标），在弹出的菜单中选择"Internet 选项"，如图 22-2 所示。

图 22-2　工具图标的快捷菜单

3. 打开"Internet 选项"属性对话框，把当前网站的域名地址设置为首页，如图 22-3 所示。

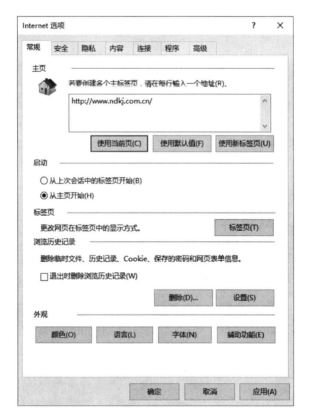

图 22-3　把指定网页设为主页

4. 在当前网页上通过把鼠标移到一张图片上右击鼠标，在弹出的快捷菜单中选择"图片另存为"，存储路径选为本地机器的 D:\《计算机应用基础编书》2015 年\图片，如图 22-4 所示。

图 22-4　保存网页中的一张图片

5. 在打开的浏览器窗口右上角中单击❀(工具图标),在弹出的菜单中选择"文件"→"另存为",将整个网页保存到 D:\《计算机应用基础编书》2015 年\图片,如图 22-5 所示。

图 22-5　保存整个网页

6. 在打开的浏览器窗口右上角中单击☆(收藏夹图标),在打开的窗口中点击"添加到收藏夹",如图 22-6 和图 22-7 所示。把当前网站添加到收藏夹里,方便下次直接从收藏夹中打开该网站。

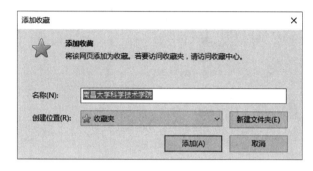

图 22-6　收藏夹图标的快捷菜单　　　　图 22-7　添加收藏对话框

案例 2：使用搜索引擎检索网络信息

操作步骤：

打开 IE10.0 浏览器，在地址栏输入 www.baidu.com 一个常用的搜索网站，如图22-8所示，在搜索的文本框里，我们输入搜索关键字"南昌大学科学技术学院"，点击"百度一下"按钮，在页面中将会出现所有与"南昌大学科学技术学院"相关的网页地址列表。点击每个列表项都能打开相应的网站，如图 22-9 所示。

图 22-8　打开百度搜索网站

图 22-9　利用百度的搜索引擎检索网络信息

【实验内容】

1. 打开 IE10.0,在地址栏中输入 http://www.ncu.edu.cn/打开南昌大学的网站。

2. 将南昌大学的网站设置为主页。

3. 在南昌大学网站的首页里选择一张图片保存到本地计算机中的 D 盘的文件夹里。

4. 把南昌大学网站的首页完整地保存到 D 盘的文件夹里。

5. 把南昌大学网站放到 IE10.0 的收藏夹内收藏。

6. 打开 www.google.com 搜索网站,输入搜索关键字"南昌大学",检索有关"南昌大学"的所有信息。

7. 通过"南昌大学科学技术学院"的主页的"图书馆",打开"中国知网(又名 CNKI)",学会"中国知网"基本使用方法。

实验 23　计算机网络基础与 Internet 应用基础知识练习

【实验目的】

掌握本章的基础知识,学会在计算机上做习题方法,为今后各种考核作准备。

【实验环境】

1. 中文版 Windows 7 或以上版本;
2. 接入 Internet 网络的计算机。

【实验方法】

把老师提供的"计算机网络基础与 Internet 应用基础知识"试题的 Word 文档复制到自己工作计算机上,打开该文档,仔细阅读每道题目,把每题的正确答案填写到该题目中的括号中。做完后保存好自己的文档(用 U 盘保存),课堂上最后 10 分钟再与老师给的参考答案核对,修改后保存。

【实验内容】

计算机网络基础与 Internet 应用基础知识习题

一、下列习题都是单选题,请选择 A、B、C、D 中的一个字母写到本题的括号中。

1. 拨号网络中需要 Modem 是因为(　　　)。

A. 可以拨号　　　　　　　　　　B. 可以实现语音通信
C. 计算机不能接收模拟信号　　　D. 接收和发送需要信号转换

2. 在 WWW 服务中,用户的信息检索可以从一台 Web 服务器自动搜索到另一台 Web 服务器,所用的技术是(　　　)。

A. HYPERMEDIA　　　　　　　B. HTML
C. HYPERTEXT　　　　　　　　D. HYPERLINK

3. 如果想要连接到一个 WWW 站点,应当以(　　　)开头来书写统一资源定位器。

A. shttp://　　　B. http:s//　　　C. http://　　　D. https://

4. 如果电子邮件到达时,你的计算机没有开机,那么电子邮件将(　　　)。

A. 退回给发件人　　　　　　　　B. 永远不再发送
C. 保存在服务商的主机上　　　　D. 过一会儿对方重新发送

5. 一个家庭用户要办理加入 Internet 手续,应找(　　　)。

A. ICP　　　　　B. CNNIC　　　　C. ISP　　　　D. ASP

6. 为了能在网络上正确地传送信息,制定了一整套关于传输顺序、格式、内容和方式的约定,称之为(　　　)。

A. OSI 参考模型　　 B. 网络操作系统　　　 C. 通信协议　　　　　 D. 网络通信软件

7. 下列属于微机网络所特有的设备是(　　　)。

A. 显示器　　　　　 B. 服务器　　　　　　 C. 鼠标器　　　　　　 D. UPS 电源

8. 如果要在新窗口中打开某个超链接,可以用鼠标右键单击该超链接,然后在弹出的快捷菜单中选择(　　　)命令。

A. 打开

B. 打印链接

C. 在新窗口中打开

D. 目标另存为

9. 互联网络的基本含义是(　　　)。

A. 国内计算机与国际计算机互联

B. 计算机与计算机网络互联

C. 计算机与计算机互联

D. 计算机网络与计算机网络互联

10. 调制解调器(Modem)的功能是实现(　　　)。

A. 数字信号的编码

B. 数字信号的整形

C. 模拟信号的放大

D. 模拟信号与数字信号的转换

11. http 是一种(　　　)。

A. 高级程序设计语言

B. 超文本传输协议

C. 网址

D. 域名

12. 计算机网络最突出的优点是(　　　)。

A. 运算速度快　　　 B. 运算精度高　　　 C. 存储容量大　　　 D. 资源共享

13. 目前,一台计算机要连入 Internet,必须安装的硬件是(　　　)。

A. 网络操作系统

B. WWW 浏览器

C. 网络查询工具

D. 调制解调器或网卡

14. 从 www.uste.edu.cn 可以看出,它是中国的一个(　　　)的站点。

A. 教育部门　　　 B. 军事部门　　　 C. 政府部门　　　 D. 工商部门

15. 互联网络上的服务都是基于一种协议,WWW 服务基于(　　　)协议。

A. Telnet　　　　　 B. SMIP　　　　　 C. SNMP　　　　　　 D. HTTP

16. Internet 网的通信协议是(　　　)。

A. CSMA　　　　 B. CSMA/CD　　　 C. X. 25　　　　　 D. TCP/IP

17. "E-mail"一词是指(　　　)。

A. 电子邮件

B. 一种新的操作系统

C. 一种新的字处理软件

D. 一种新的数据库软件

18. 最早出现的计算机网是(　　　)。

A. Internet　　　 B. Ethernet　　　 C. Bitnet　　　 D. Arpanet

19. 为了保证全网的正确通信,Internet 为联网的每个网络和每台主机都分配了唯一的地址,该地址由 32 位二进制数组成,并每隔 8 位用小数点分隔,将它称为(　　　)。

A. IP 地址

B. WWW 服务器地址

C. TCP 地址

D. WWW 客户机地址

20. 局域网的拓扑结构是(　　　)。

A. 环形　　　　 B. 星形　　　　 C. 总线型　　　　 D. 以上都可以

21. 为网络提供共享资源并对这些资源进行管理的计算机称为(　　　)。

A. 网桥　　　　　B. 网卡　　　　　C. 工作站　　　　　D. 服务器

22. 已知接入 Internet 网的计算机用户名为 Xinhua,而连接的服务商主机名为 public. tpt. fj. cn,相应的 E-mail 地址应为(　　　)。

A. Xinhua. public. @tpt. fj. cn　　　　　B. Xinhua. public. tpt. fj. cn

C. Public. tpt. fj. cn@Xinhu　　　　　D. Xinhua@public. tpt. fj. cn

23. 在我国 Internet 的中文名是(　　　)。

A. 邮电通信网　　　B. 因特网　　　　C. 数据通信网　　　D. 局域网

24. TCP/IP 协议是 Internet 中计算机之间进行通信时必须共同遵循的一种(　　　)。

A. 通信规则　　　B. 信息资源　　　C. 软件系统　　　D. 硬件系统

25. 计算机网络是计算机与(　　　)结合的产物。

A. 电话　　　　　B. 线路　　　　　C. 各种协议　　　D. 通信技术

26. www. sina. com. cn 不是 IP 地址,而是(　　　)。

A. 上网密码　　　B. 域名　　　　　C. 网站标题　　　D. 网站编号

27. 个人或企业不能直接接入 Internet,只能通过(　　　)来接入 Internet。

A. ICP　　　　　B. ASP　　　　　C. IAP　　　　　D. ISP

28. 下列四项中,合法的 IP 地址是(　　　)。

A. 190. 220. 5　　B. 206. 53. 3. 78　　C. 206. 53. 312. 78　　D. 123. 43. 82. 220

29. 用户要想在网上查询 WWW 信息,必须安装并运行一个被称为(　　　)的软件。

A. HTTP　　　　B. YAHOO　　　　C. 浏览器　　　　D. 万维网

30. 下列四项中,合法的电子邮件地址是(　　　)。

A. wang-em. hxing. com. cn　　　　　B. wang@em. hxing. com. cn

C. em. hxing. com. cn-wang　　　　　D. em. hxing. com. cn@wang

31. 下列有关因特网的叙述,(　　　)的说法是错误的。

A. 因特网是国际计算机互联网　　　　　B. 因特网是计算机网络的网络

C. 因特网上提供了多种信息网络系统　　D. 万维网就是因特网

32. 下列有关因特网历史的叙述中,(　　　)是错误的。

A. 因特网由美国国防部资助并建立在军事部门

B. 因特网诞生于是 1969 年

C. 因特网最早的名字叫阿帕网

D. 因特网由美国国防部资助但建立在 4 所大学和研究所

33. 某台主机属于中国电信系统,其域名应以(　　　)结尾。

A. com. cn　　　B. com　　　　　C. net. cn　　　　D. net

34. 为了保证提供服务,因特网上的任何一台物理服务器(　　　)。

A. 不能具有多个域名　　　　　B. 必须具有唯一的 IP 地址

C. 只能提供一种信息服务　　　D. 必须具有计算机名

35. 在 WWW 网页上有一些特殊的图形或文字,单击它们就可以看到相关内容,这类图形或文字称为(　　　)。

A. 超链接　　　　B. 文本　　　　　C. 背景　　　　　D. 媒介

36. 在电子邮件中用户(　　　)。

A. 可以传送任意大小的多媒体文件　　　B. 可以同时传送文本和多媒体信息

C. 只可以传送文本信息　　　　　　　　D. 不能附加任何文件

37. 电子邮件地址的基本结构为:用户名@(　　　)。

A. SMTP 服务器 IP 地址　　　　　　　B. POP3 服务器域名

C. POP3 服务器 IP 地址　　　　　　　D. SMTP 服务器域名

38. 以下有关代理服务器说法中不正确的是(　　　)。

A. 为工作站提供访问 Internet 的代理服务

B. 代理服务器可用作防火墙

C. 使用代理服务器可提高 Internet 的浏览速度

D. 代理服务器是一种硬件技术,是建立在浏览器与 Web 服务器之间的服务器

39. Internet 的核心内容是(　　　)。

A. 全球程序共享　　B. 全球数据共享　　C. 全球信息共享　　D. 全球指令共享

40. 在电子邮件中,声音与图像文件一般不与邮件正文内容一同显示出来,而是通过
(　　　)来发送。

A. 发件人　　　　　B. 附件　　　　　　C. 正文　　　　　　D. 标题

41. 在发送新邮件时,除了发件人之外,只有(　　　)是必须要填写的。

A. 主题　　　　　　B. 附件　　　　　　C. 收件人地址　　　D. 抄送

42. Internet 上计算机的名字由许多域构成,域间用(　　　)分隔。

A. 小圆点　　　　　B. 逗号　　　　　　C. 分号　　　　　　D. 冒号

43. 在浏览网页时,可下载自己喜欢的信息是(　　　)。

A. 图片　　　　　　　　　　　　　　　B. 以上信息都可以

C. 声音和影视文件　　　　　　　　　　D. 文本

44. 如果要将电子邮件发送给两个人,可在收件人处填写其中一人的邮件地址,在
(　　　)处填写另一个人的邮件地址。

A. 发件人　　　　　B. 收件人　　　　　C. 抄送　　　　　　D. 主题

45. 下列四项里,(　　　)是因特网的最高层域名。

A. cn　　　　　　　B. www　　　　　　C. edu　　　　　　D. gov

46. 因特网是属于(　　　)所有。

A. 世界各国共同　　B. 美国政府　　　　C. 联合国　　　　　D. 中国政府

47. 双绞线由两根相互绝缘的、绞合成均匀的螺纹状的导线组成,下列关于双绞线的叙
述,不正确的是(　　　)。

A. 它的传输速率达 10 Mbit/s~100 Mbit/s,甚至更高,传输距离可达几十公里甚至更远

B. 它既可以传输模拟信号,也可以传输数字信号

C. 与同轴电缆相比,双绞线易受外部电磁波的干扰,线路本身也产生噪声,误码率较高

D. 通常只用作局域网通信介质

48. 利用电子邮件发出的信函是(　　　)。

A. 直接输送到收信人的计算机硬盘中　　B. 输送到目的地主机的 E-mail 信箱

C. 直接输送到收信人附近的邮局　　　　D. 由收到的电信局直接转交给收件人

49. 网上"黑客"是指(　　　)的人。

A. 在网上私闯他人计算机系统　　　　　　B. 匿名上网

C. 总在晚上上网　　　　　　　　　　　　D. 不花钱上网

50. 你的计算机通过电话线上因特网,必须要配置的一个设备是(　　　)。

A. 声卡　　　　　B. 中央处理器　　　　C. 调制解调器　　　　D. 主板

51. 若网络形状是由站点和连接站点的链路组成的一个闭合环,则称这种拓扑结构为
(　　　)。

A. 星形拓扑　　　　B. 环形拓扑　　　　C. 树形拓扑　　　　D. 总线拓扑

52. 127.0.0.1属于哪一类特殊地址(　　　)。

A. 广播地址　　　　B. 回环地址　　　　C. 本地链路地址　　　　D. 网络地址

53. 判断下面哪一句话是正确的(　　　)。

A. IP地址与主机名是一一对应的

B. Internet中的一台主机只能有一个IP地址

C. Internet中的一台主机只能有一个主机名

D. 一个合法的IP地址在一个时刻只能分配给一台主机

54. 下面哪一个是有效的IP地址?(　　　)

A. 202.280.130.45　　　　　　　　　　B. 130.192.290.45

C. 192.202.130.45　　　　　　　　　　D. 280.192.33.45

55. 在ISO/OSI参考模型中,网络层的主要功能是(　　　)。

A. 提供可靠的端—端服务,透明地传送报文

B. 路由选择、拥塞控制与网络互连

C. 在通信实体之间传送以帧为单位的数据

D. 数据格式变换、数据加密与解密、数据压缩与恢复

56. http是(　　　)的英文缩写。

A. 超文本传输协议　　　　　　　　　　B. 高级语言

C. 服务器名称　　　　　　　　　　　　D. 域名

57. 地址"ftp://218.0.0.123"中的"ftp"是指(　　　)。

A. 协议　　　　B. 网址　　　　C. 新闻组　　　　D. 邮件信箱

58. 下列选项中不属于计算机网络通信协议的是(　　　)。

A. ROM/RAM　　　　B. NetBEUI　　　　C. IPX/SPX　　　　D. TCP/IP

59. 要把学校里行政楼和实验楼的局域网互连,可以通过(　　　)实现。

A. 交换机　　　　B. MODEM　　　　C. 中继器　　　　D. 网卡

60. 在因特网域名中,edu通常表示(　　　)。

A. 商业组织　　　　B. 教育机构　　　　C. 政府部门　　　　D. 军事部门

61. 在以下商务活动中,哪些属于电子商务的范畴(　　　)。

Ⅰ.网上购物　　Ⅱ.电子支付　　Ⅲ.在线谈判　　Ⅳ.利用电子邮件进行广告宣传。

A. Ⅰ、Ⅱ、Ⅲ和Ⅳ　　　　　　　　　　B. Ⅰ、Ⅲ和Ⅳ

C. Ⅰ和Ⅲ　　　　　　　　　　　　　　D. Ⅰ、Ⅱ和Ⅲ

62. 计算机中直接处理信息的核心部件是(　　　)。

A. 资源管理器　　　　B. 网页浏览器　　　　C. 中央处理器　　　　D. 媒体播放器

63. 统一资源定位器 URL 的格式是（　　　）。

A. 协议://IP 地址或域名/路径/文件名　B. 协议://路径/文件名

C. TCP/IP 协议　　　　　　　　　　D. http 协议

64. 电子邮件地址一般的格式是（　　　）。

A. 用户名@域名　　　　　　　　　　B. 域名@用户名

C. IP@域名　　　　　　　　　　　　D. 域名@IP

65. TCP/IP 体系结构中与 ISO-OSI 参考模型的 1、2 层对应的是哪一层？（　　　）

A. 网络接口层　　B. 传输层　　C. 互联网层　　D. 应用层

66. 我们平常所说的 Internet 是（　　　）网。

A. 局域网　　　　B. 远程网　　　C. 广域网　　　D. 都不是

67. 计算机网络增强了个人计算机的许多功能,但目前仍办不到（　　　）。

A. 银行和企业间传送数据、账单　　　B. 提高可靠性和可用性

C. 资源共享和相互通信　　　　　　　D. 杜绝计算机病毒感染

68. 计算机网络最突出的优点是（　　　）。

A. 内存容量大　　B. 精确度高　　C. 运算速度快　　D. 共享资源

69. 在计算机网络中,为了使计算机或终端之间能够正确传送信息,必须按照（　　　）来相互通信。

A. 网络协议　　　B. 网卡　　　　C. 信息交换方式　　D. 传输装置

70. 以下有关网页保存类型的说法中正确的是（　　　）。

A. "Web 页,全部",整个网页的图片、文本和超链接

B. "Web 页,全部",整个网页包括页面结构、图片、文本、嵌入文件和超链接

C. "Web 页,仅 HTML",网页的图片、文本、窗口框架

D. "Web 档案,单一文件",网页的图片、文本和超链接

71. 在 Internet Explorer 中打开网站和网页的方法不可以是（　　　）。

A. 利用地址栏　　B. 利用浏览器栏　　C. 利用链接栏　　D. 利用标题栏

72. 以下那些服务属于因特网服务？（　　　）

A. WWW 服务　　B. BBS　　　　C. 以上都是　　　D. 电子邮件服务

73. 有一网站的网址为:https://ea.hainan.gov.cn,则可知这个是一个（　　　）网站。

A. 科研机构　　　　　　　　　　　　B. 教育机构

C. 工、商、金融等行业　　　　　　　D. 政府部门

74. 在 Internet 网中 IP 地址由（　　　）位二进制数组成。

A. 16　　　　　　B. 24　　　　　　C. 32　　　　　　D. 64

75. 域是用来标识（　　　）。

A. 不同的地域　　　　　　　　　　　B. Internet 特定的主机

C. 不同风格的网站　　　　　　　　　D. 盈利与非盈利网站

76. 一个中学生在计算机网络上必须做到（　　　）。

A. 要学会寻找和进入人家的资料档案库

B. 要学会如何利用有价值的信息源来学习和发展自己

C. 在 Internet 上要随意发表各种言论,言无不尽

D. 要帮助其他同学,让自己买来的软件安装到朋友的机器上用

77. 下面说法正确的是( )。

A. 计算机内部可以使用数字信号也可以使用模拟信号

B. 当前在因特网中的 IP 地址是无限

C. 在因特网中可以有两个相同的域名存在

D. 教育机构的域名类别一般是 EDU 域名

78. 以下关于网络的说法错误的是( )。

A. 计算机网络有数据通信、资源共享和分布处理等功能

B. 将两台计算机用网线联在一起就是一个网络

C. 网络按覆盖范围可以分为 LAN 和 WAN

D. 上网时我们享受的服务是由各种服务器提供的

79. 下列域名格式中,那种域名是不正确的( )。

A. www.edu_haha.com   B. www.37213.com.cn

C. www.hahahaha.net   D. ww1.0898.net

80. 在上互联网的时候,需要一个网络服务商提供网络的连接,它称为( )。

A. ASP   B. ICP   C. ISP   D. PHP

81. 若网络形状是由站点和连接站点的链路组成的一个闭合环,则称这种拓扑结构为( )。

A. 星形拓扑   B. 总线型拓扑   C. 环形拓扑   D. 树形拓扑

82. 以下哪一个设置不是上互联网所必需的( )。

A. 网关   B. IP 地址   C. 子网掩码   D. 工作组

83. 以下设备,哪一项不是计算机网络连接设备( )。

A. 网卡   B. 路由器   C. 电视盒   D. 交换机

84. 小明在家里用 C 类地址组建了一个 3 台计算机的局域网,其中一台计算机的 IP 地址可能为( )。

A. 202.100.134.12   B. 192.168.0.13

C. 192.168.265.34   D. 120.100.1.12

85. 利用( ),计算机可以通过有线电视网与 Internet 相连。

A. Modem   B. Cablemodem   C. ISDN   D. 电话线

86. 使用"网络既时聊天"一般必须要安装的应用软件是( )。

A. QQ   B. Office 2003

C. Outlook Express   D. IE

87. 国内一家高校要建立 WWW 网站,其域名的后缀应该是( )。

A. .com   B. .edu   C. .cn   D. .Ac

88. 某人想要在电子邮件中传送一个文件,他可以借助( )。

A. FTP   B. Telnet

C. WWW   D. 电子邮件中的附件功能

89. 要订阅 Internet 上的 Maillisting,需填入( )。

A. 域名地址   B. IP 地址   C. 用户名   D. 电子邮件地址

90. 以下关于 FTP 与 Telnet 的描述,不正确的是(　　　　)。

A. FTP 与 Telnet 都采用客户机/服务器方式

B. 允许没有账号的用户登录到 FTP 服务器

C. FTP 与 Telnet 可在交互命令下实现,也可利用浏览器工具

D. 可以不受限制地使用 FTP 服务器上的资源

二、判断题(请在正确的题后括号中打√,错误的题后括号中打×。)

1. 介质访问控制技术是局域网的最重要的基本技术。 (　　　)

2. 国际标准化组织 ISO 是在 1977 年成立的。 (　　　)

3. 半双工通信只有一个传输通道。 (　　　)

4. 在数字通信中发送端和接收端必须以某种方式保持同步。 (　　　)

5. OSI 参考模型是一种国际标准。 (　　　)

6. LAN 和 WAN 的主要区别是通信距离和传输速率。 (　　　)

7. 度量传输速度的单位是波特,有时也可称作调制率。 (　　　)

8. 所有的噪声都来自于信道的内部。 (　　　)

9. 双绞线不仅可以传输数字信号,而且也可以传输模拟信号。 (　　　)

10. OSI 层次的划分应当从逻辑上将功能分开,越少越好。 (　　　)

11. 高层协议决定了一个网络的传输特性。 (　　　)

12. 为推动局域网技术的应用,成立了 IEEE。 (　　　)

13. TCP/IP 不符合国际标准化组织 OSI 的标准。 (　　　)

14. 在局域网标准中共定义了四个层。 (　　　)

15. 星形结构的网络采用的是广播式的传播方式。 (　　　)

16. 半双工与全双工都有两个传输通道。 (　　　)

17. 模拟数据是指在某个区间产生的连续的值。 (　　　)

18. 模拟信号不可以在无线介质上传输。 (　　　)

19. 由于前向纠错法是自动校正错误,所有大多数网络使用它。 (　　　)

20. TCP/IP 是参照 ISO/OSI 制定的协议标准。 (　　　)

21. 报文交换的线路利用率高于线路交换。 (　　　)

22. 线路交换在数据传送之前必须建立一条完全的通路。 (　　　)

23. 国际互联网(Internet)是广域网的一种形式。 (　　　)

24. 网络的带宽是指电信网络,PC 处理能力以及计算机通道的运算能力,一般用 MB 来衡量。 (　　　)

25. TCP/IP 协议的结构是由传输层和网际协议层组成。 (　　　)

26. 启动 Internet Explorer 时,主页可以是我们设置的任一网站。 (　　　)

27. 在 Internet Explorer 下,当按下"刷新"按钮,浏览器一定会从服务器重载当前页面。 (　　　)

28. 在 Internet Explorer 中,"历史"按钮指的是显示最近访问过的站点列表。 (　　　)

29. 在 Internet Explorer 中,用户访问过的网页信息将被暂时保存在临时文件夹中。 (　　　)

30. 恢复已删除邮件,必须在已删除邮箱中进行恢复操作。 (　　　)

实验 24　文件压缩软件的使用

【实验目的】

1. 理解图像压缩的概念和基本的压缩方法；

2. 学会使用 WinZIP 和 WinRAR 压缩软件的方法，包括对 1 个或多个文件、单个或多个文件夹、多个文件夹和多个文件的压缩和解压缩。

【实验环境】

1. 中文版 Windows 7（或以上版本）；

2. 已安装好 WinRAR 压缩软件。

【实验案例】

案例：WinRAR 压缩软件的基本使用方法

操作步骤：

1. 打开已安装好的 WinRAR 压缩软件，其主菜单如图 24-1 所示。

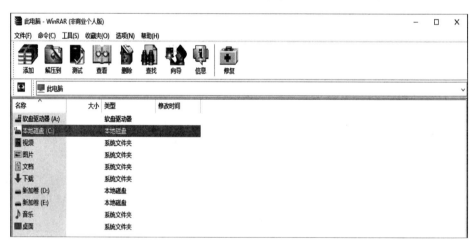

图 24-1　WinRAR 主界面

2. 要求把 D 盘中"《计算机应用基础编书》2015 年"中"图片"文件夹、Word 文件"picpick 屏幕截图软件的使用"和幻灯片文件"第 7 章 多媒体技术基础"一起打包压缩。

WinRAR 压缩软件可以对单个文件或单个文件夹直接进行压缩，也可以对一个文件或多个文件和一个文件夹或多个文件夹压缩组成一个压缩文件，为了方便文件的管理，先可以建立一个文件夹，把所需压缩组成一个文件和文件夹放置在同一个文件夹中，具体操作如下：

（1）新建一个文件夹，名为"编书资料"，把"图片"文件夹、Word文件"picpick屏幕截图软件的使用"和幻灯片文件"第7章 多媒体技术基础"都移到新建"编书资料"文件夹中。如图24-2所示需一起压缩的文件和文件夹。

图24-2　要压缩的文件夹和文件

（2）选中"编书资料"文件夹，然后右击鼠标，弹出快捷菜单，出现如图24-3所示对话框。

图24-3　对"编书资料"文件夹进行压缩

（3）选择"添加压缩文件"，出现"压缩文件名和参数"对话框，如图24-4所示。在对话框中压缩文件名默认为"编书资料.rar"，当然也可以另取别的压缩文件名。再选择合适的压缩文件格式,我们采用默认的 RAR 格式。然后选择"确定"按钮,经压缩后就会在"编书资料"文件夹所在 D 盘中出现被压缩的文件,名称为"编书资料.rar",如图 24-5 所示。

图 24-4 "压缩文件名和参数"对话框

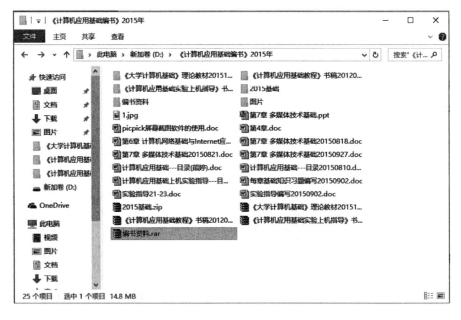

图 24-5 压缩文件"编书资料.rar"

【实验内容】

1. 选择 1 个文件、1 个文件夹,分别对它们进行压缩和解压缩,并形成自解压缩文件。

2. 选择多幅图片,对它们进行压缩和解压缩,并做成自解压缩文件。

3. 选择多个文件和一个(或多个)文件夹,对它们进行压缩和解压缩成一个文件,并做成一个自解压缩文件。

实验 25　多媒体技术应用软件的使用

【实验目的】

1. 学会正确使用 ACDSee 看图软件；
2. 灵活使用 HyperSnap-DX 抓图软件；
3. 学会使用音频和视频多媒体播放软件。

【实验环境】

1. 中文版 Windows 7(或以上版本)；
2. 已安装好 ACDSee 看图软件、HyperSnap-DX 抓图软件、豪杰超级解霸、PPTV 网络电视播放器、百度音乐(原千千静听)播放器、酷我音乐播放器。

【实验案例】

案例 1：学会如何使用 HyperSnap-DX 抓图

操作步骤：

(1) 熟悉 HyperSnap 程序界面。HyperSnap 启动后如图 25-1 所示 HyperSnap-DX7.0 的程序界面，HyperSnap-DX7.0 主界面有标题栏、菜单栏、常用工具栏、工作区和说明栏五部分组成。菜单栏下方是工具栏，最大的区域为图形编辑区，编辑区左侧为绘图工具栏。请同学们将鼠标指向工具栏按钮，通过悬停提示了解各按钮的功能及对应的热键。

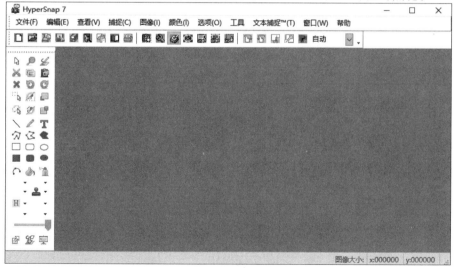

图 25-1　HyperSnap7.0 程序界面

（2）设置捕捉参数。执行菜单栏中的"捕捉"→"捕捉设置"命令，出现"捕捉设置"对话框，如图 25-2 所示，在此对话框的"复制和打印"卡上，勾选"复制每次捕捉图像到剪贴板"，这样每次抓取的图像除自动放置到编辑区外，同时也放到了剪贴板，利用剪贴板可以在其他程序中直接粘贴，参数设置如图 25-3 所示。

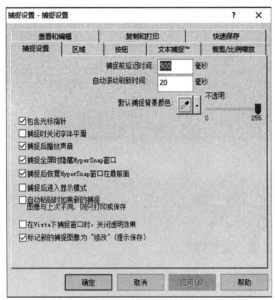

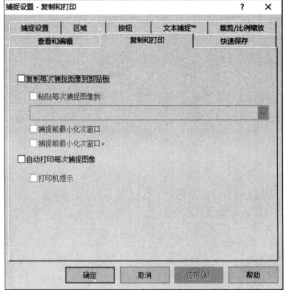

图 25-2 "捕捉设置"对话框   图 25-3 "捕捉设置"中"复制和打印"对话框

（3）使用热键抓图。HyperSnap 不仅提供了一套抓图热键，且允许用户重新定义一套适合自己习惯的抓图热键。当 HyperSnap 程序启动后，随时可以通过热键进行屏幕抓图。HyperSnap 隐含定义的部分热键如表 25-1 所示，并请同学们一一验证。

表 25-1 HyperSnap 部分热键及功能

热键	功能及含义
Ctrl＋Shift＋F	抓取整个屏幕或桌面
Ctrl＋Shift＋W	抓取鼠标指向的应用程序窗口或标题栏、工具栏、滚动条等
Ctrl＋Shift＋B	抓取应用程序窗口上的任意按钮
Ctrl＋Shift＋A	抓取当前活动窗口
Ctrl＋Shift＋C	抓取不含边框的当前活动窗口
Ctrl＋Shift＋R	抓取随意拖动鼠标形成的矩形屏幕区域

（4）复制所抓图像。由于所抓取的图像同时放在了剪贴板，因此只需定位到目标程序的插入点执行"粘贴"命令即可。如定位到 Word 编辑区或定位到 PPT 的编辑区后，执行粘贴操作。通过菜单栏中"编辑"→"复制"实现操作。

（5）保存所抓图像。当捕捉完成后，需要保存所捕捉的图像，在 HyperSnap 操作界面，通过执行"文件"→"另存为"命令,打开"另存为..."对话框,输入保存路径、文件名,确定后执行。

(6)抓取动画。通过单击菜单栏中的"捕捉"→"启用视频或游戏捕捉",出现图25-4所示的对话框。

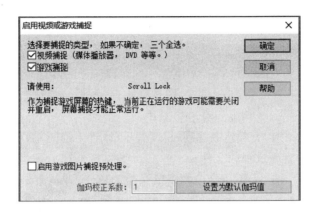

图25-4 "启用视频或游戏"对话框

(7)在对话框中单击"捕捉"→"捕捉设置",选择"捕捉"选项卡,出现图25-5所示的对话框。在该对话框中选好参数和相关时间。

(8)最后选择"快速保存"选项卡,出现"快速保存"选项卡对话框,进行相应的设置后单击"确定"即可保存自动连续抓取正在播放的视频或游戏中的动画。

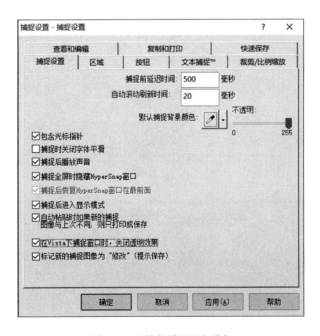

图25-5 "捕捉设置"选项卡

【实验内容】

1. 利用 HyperSnap-DX 软件在你自己的计算机上抓取全屏幕、窗口或控件、按钮、活动窗口和选定区域的图片。选择其中的一幅图片,另存为 . bmp、.jpeg、.gif、.tif、.psd、.jpg 不同格式的图片文件,试比较这些文件存储容量的大小,用你的眼睛看,能否判断出这些图片文件质量的好坏。

2. 利用 ACDSee 的"屏幕截图"功能,截取一张桌面的图片,保存到以"学号"命令的文件夹下,图片格式设置为"BMP 位图",文件名为"桌面截图.bmp"。将"学号"文件夹下的所有. bmp 格式图片,批量转换成 JPG 格式,图像格式设为"质量最佳",调整后的图片以源文件名保存在"学号"文件夹,并删除所有原始图片。

3. 连接上 Internet 网,下载超级解霸、百度音乐(原千千静听)播放器、酷我音乐播放器软件,学会播放相应的音乐或视频文件。

4. 连接上 Internet 网,下载 PPTV 网络电视播放软件,并试着用此软件播放当天中央电视台在网上发布的视频信息。

实验 26　多媒体技术基础知识练习

【实验目的】

掌握本章的基础知识,学会在计算机上做习题方法,为今后各种考核作准备。

【实验环境】

1. 中文版 Windows 7(或以上版本);
2. 中文版 Word 2010。

【实验方法】

把老师提供的"多媒体技术基础知识"试题的 Word 文档复制到自己工作计算机上,打开该文档,仔细阅读每道题目,把每题的正确答案填写到该题目中的括号中。做完后保存好自己的文档(最好用自带的 U 盘保存),课堂上最后 10 分钟再与老师给的参考答案核对,修改后保存。

【实验内容】

多媒体技术基础习题

一、下列习题都是单选题,请选择 A、B、C、D 中的一个字母写到本题的括号中。

1. 下列配置中哪些是 MPC(多媒体计算机)必不可少的:① CD-ROM 驱动器　② 高质量的音频卡　③ 高分辨率的图形、图像显示　④ 高质量的视频采集卡?(　　)

A. ①　　　　　　B. ①②　　　　　　C. ①②③　　　　　　D. 全部

2. 图像采集卡和扫描仪分别用于采集(　　)。

A. 动态图像和静态图像　　　　　　B. 静态图像和动态图像

C. 静态图像和静态图像　　　　　　D. 动态图像和动态图像

3. 下列采集的波形声音质量最好的是(　　)。

A. 单声道、16 位量化、22.05 kHz 采样频率

B. 双声道、8 位量化、44.1 kHz 采样频率

C. 双声道、16 位量化、44.1 kHz 采样频率

D. 单声道、8 位量化、22.05 kHz 采样频率

4. 为什么需要多媒体创作工具(　　):① 简化多媒体创作过程　② 比用多媒体程序设计的功能、效果更强　③ 需要创作者懂得较多的多媒体程序设计　④ 降低对多媒体创作者的要求,创作者不再需要了解多媒体程序的各个细节。

A. ②　　　　　　B. ①④　　　　　　C. ①②③　　　　　　D. 全部

5. 下列描述中,属 CD-ROM 光盘具有的特点的是(　　)。

① 可靠性高　② 多种媒体融合　③ 大容量特性　④ 价格低廉

A. 全部　　　　　　B. 仅①　　　　　　C. ①②③　　　　　D. ②④

6. 扫描仪可应用于（　　）。

① 拍照数字照片　② 图像输入　③ 光学字符识别　④ 图像处理

A. ②④　　　　　　B. ①②　　　　　　C. 全部　　　　　　D. ①③

7. 具有多媒体功能的微型计算机系统中，常用的 CD-ROM 是（　　）。

A. 半导体只读存储器　　　　　　　B. 只读型硬盘

C. 只读型光盘　　　　　　　　　　D. 只读型大容量软盘

8. 下列关于数码相机的叙述中，正确的是（　　）。

① 数码相机有内部存储介质　② 数码相机的关键部件是 CCD　③ 数码相机输出的是数字或模拟数据　④ 数码相机拍照的图像可以通过串行口、SCSI 或 USB 接口送到计算机

A. 仅①　　　　　　B. ①④　　　　　　C. ①②④　　　　　D. 全部

9. 下列关于电子出版物的说法中，不正确的是（　　）。

A. 存储容量大，一张光盘可以存储几百本长篇小说

B. 具有评价和反馈功能

C. 检索信息迅速，能及时传播

D. 媒体种类多，可以集成文本、图形、图像、动画、视频和音频等多媒体信息

10. 适合做三维动画的软件是（　　）。

A. 3DS MAX　　　B. AutoCAD　　　C. Authorware　　　D. Photoshop

11. 下列（　　）是多媒体技术的发展方向。

① 简单化，便于操作　② 高速度化，缩短处理时间　③ 高分辨率，提高显示质量　④ 智能化，提高信息识别能力

A. 全部　　　　　　B. ①②③　　　　　C. ①③④　　　　　D. ①②④

12. 以下（　　）是 Flash 最终保存的文件扩展名。

A. .doc　　　　　　B. .swf　　　　　　C. .bmp　　　　　　D. .ppt

13. 以下（　　）是多媒体教学软件的特点。

① 能正确生动地表达本学科的知识内容　② 具有友好的人机交互界面　③ 能判断问题并进行教学指导　④ 能通过计算机屏幕和老师面对面讨论问题

A. ②③　　　　　　B. ①②④　　　　　C. ①②③　　　　　D. ②④

14. 关于文件的压缩，以下说法正确的是（　　）。

A. 文本文件与图形图像都可以采用有损压缩

B. 图形图像可以采用有损压缩，文本文件不可以

C. 文本文件与图形图像都不可以采用有损压缩

D. 文本文件可以采用有损压缩，图形图像不可以

15. 以下可用于多媒体作品集成的软件是（　　）。

A. PowerPoint　　　　　　　　　　B. Windows Media Player

C. ACDsee　　　　　　　　　　　　D. 我形我速

16. 使用文字处理软件可更快捷和有效地对文本信息进行加工表达，以下属于文本加

工软件的是( )。

    A. 搜索引擎   B. IE 浏览器

    C. Windows move maker   D. Word

17. 要从一部电影视频中剪取一段,可用的软件是( )。

    A. Goldwave   B. Real Player   C. 超级解霸   D. Authorware

18. 一同学运用 Photoshop 加工自己的照片,照片未能加工完毕,他准备下次接着做,他最好将照片保存成( )式。

    A. .swf   B. .psd   C. .bmp   D. .gif

19. 在动画制作中,一般帧速选择为( )。

    A. 30 帧/秒   B. 120 帧/秒   C. 90 帧/秒   D. 60 帧/秒

20. 位图与矢量图比较,可以看出( )。

    A. 对于复杂图形,位图比矢量图画对象更快

    B. 对于复杂图形,位图比矢量图画对象更慢

    C. 位图与矢量图占用空间相同

    D. 位图比矢量图占用空间更少

21. 下列多媒体创作工具( )是属于以时间为基础的著作工具:① Micromedia Authorware   ② Micromedia Action   ③ Tool Book   ④ Micromedia Director

    A. ①③   B. ②④   C. ①②③   D. 全部

22. 音频卡不出声,可能的原因是( )。

    ① 音频卡没插好   ② I/O 地址、IRQ、DMA 冲突   ③ 静音   ④ 噪声干扰

    A. ①②   B. ①②③   C. 仅①   D. 全部

23. 多媒体技术的主要特性有( )。

    ① 多样性   ② 集成性   ③ 交互性   ④ 数字化

    A. 全部   B. ①   C. ①②③   D. ①②

24. 下列哪种论述是正确的?( )

    A. 音频卡的分类主要是根据采样的频率来分,频率越高,音质越好。

    B. 音频卡的分类主要是根据采样信息的压缩比来分,压缩比越大,音质越好。

    C. 音频卡的分类主要是根据接口功能来分,接口功能越多,音质越好。

    D. 音频卡的分类主要是根据采样量化的位数来分,位数越高,量化精度越高,音质越好。

25. 视频卡的种类很多,主要包括( )。

    ① 视频捕获卡   ② 电影卡   ③ 电视卡   ④ 视频转换卡

    A. ②   B. 全部   C. ①②③   D. ①

26. 衡量数据压缩技术性能的重要指标是( )。

    ① 压缩比   ② 算法复杂度   ③ 恢复效果   ④ 标准化

    A. 全部   B. ①③   C. ①③④   D. ①②③

27. 下列配置中哪些是 MPC(多媒体计算机)必不可少的?( )

    ① CD-ROM 驱动器   ② 高质量的音频卡   ③ 高分辨率的图形、图像显示   ④ 高质量的视频采集卡

A. ①　　　　　　B. ①②　　　　　　C. ①②③　　　　　　D. 全部

28. 请根据多媒体的特性判断以下( )属于多媒体的范畴。

① 彩色画报　② 彩色电视　③ 交互式视频游戏　④ 有声图书

A. 仅③　　　　　　B. ③④　　　　　　C. ②③　　　　　　D. ②③④

29. ( )时候需要使用 MIDI:① 想音乐质量更好时　② 想连续播放音乐时　③ 用音乐伴音,而对音乐质量的要求又不是很高时　④ 没有足够的硬盘存储波形文件时

A. 仅②④　　　　　　B. ③　　　　　　C. ②③④　　　　　　D. ③④

30. 音频卡与 CD-ROM 间的连接线有( )。

① 音频输入线　② IDE 接口　③ 跳线　④ 电源线

A. 仅①　　　　　　B. ②③　　　　　　C. ②③　　　　　　D. 全部

31. 音频卡是按( )分类的。

A. 压缩方式　　　B. 采样量化位　　　C. 声道数　　　D. 采样频率

32. 下列功能( )是多媒体创作工具的标准中应具有的功能和特性:① 超级连接能力　② 动画制作与演播　③ 编程环境　④ 模块化与面向对象化

A. ①③　　　　　　B. ②④　　　　　　C. ①②③　　　　　　D. 全部

33. 要把一台普通的计算机变成多媒体计算机要解决的关键技术是( )。

A. 多媒体数据压缩编码和解码技术　　B. 视频音频数据的输出技术

C. 视频音频数据的实时处理和特技　　D. 视频音频信号的获取

34. 下图为矢量图文件格式的是( )。

A. . bmp　　　　　B. . wmf　　　　　C. . gif　　　　　D. . jpg

35. MIDI 音频文件是( )。

A. 是 MP3 的一种格式

B. 一种采用 PCM 压缩的波形文件

C. 是一种符号化的音频信号,记录的是一种指令序列

D. 一种波形文件

36. 多媒体数据具有( )特点。

A. 数据量大和数据类型多

B. 数据量大、数据类型多、数据类型间区别小、输入和输出不复杂

C. 数据量大、数据类型多、数据类型间区别大、输入和输出复杂

D. 数据类型间区别大和数据类型少

37. 以下多媒体创作工具基于传统程序语言的有( )。

A. Action　　　　B. ToolBook　　　　C. HyperCard　　　　D. Visual C++

38. 下列要素中哪个不属于声音的三要素( )。

A. 音强　　　　B. 音色　　　　C. 音调　　　　D. 音律

39. MIDI 文件中记录的是( )。

① 乐谱　② MIDI 消息和数据　③ 波形采样　④ 声道

A. ①②　　　　　　B. ①②③　　　　　　C. 仅①　　　　　　D. 全部

40. 下列声音文件格式中,( )是波形文件格式:① .wav　② .cmf　③ .voc　④ .mid

A. ①②　　　　　　B. ②③　　　　　　C. ①③　　　　　　D. ①④

41．下列哪些说法是正确的？（　　　）

① 图像都是由一些排成行列的像素组成的,通常称位图或点阵图

② 图形是用计算机绘制的画面,也称矢量图

③ 图像的最大优点是容易进行移动、缩放、旋转和扭曲等变换

④ 图形文件中只记录生成图的算法和图上的某些特征点,数据量较小

A. ①②④　　　　B. ③④　　　　C. ①②　　　　D. ①②③

42．用于加工声音的软件是（　　　）。

A. Flash　　　　B. Premirer　　　　C. Cooledit　　　　D. Winamp

43．1988 年 ITU 制定调幅广播质量的音频压缩标准是（　　　）。

A. G.722 标准　　B. G.711 标准　　C. MPEG　　　　D. MPEG 音频

44．ACDSee 软件的功能是（　　　）。

A. 播放音乐　　　B. 播放视频　　　C. 观看图片　　　D. 浏览网页

45．关于图像数字化,以下说法错误的是（　　　）。

A. 数字化的图像不能直接观看,必须借助播放设备及软件才能观看

B. 数字化的图像不会失真

C. 数字图像传输非常方便

D. 图像数字化就是将图像用 0、1 编码的形式来表示

46．CD-ROM 是指（　　　）。

A. 数字音频　　　B. 只读存储光盘　　C. 交互光盘　　　D. 可写光盘

47．JPEG 代表的含义（　　　）。

A. 一种视频格式　B. 一种图形格式　C. 一种网络协议　D. 软件的名称

48．MIDI 音频文件是（　　　）。

A. 一种波形文件

B. 一种采用 PCM 压缩的波形文件

C. 是 MP3 的一种格式

D. 是一种符号化的音频信号,记录的是一种指令序列。

49．MP3 代表的含义（　　　）。

A. 一种视频格式　B. 一种音频格式　C. 一种网络协议　D. 软件的名称

50．Photoshop 里的什么工具可以用作抠图（　　　）。

A. 画笔工具　　　B. 渐变工具　　　C. 磁性套索工具　D. 喷枪工具

51．Photoshop 里的（　　　）工具可以用作选取颜色相似区域。

A. 多边形套索　　B. 路径　　　　　C. 魔棒　　　　　D. 裁剪

52．Photoshop 默认的文件类型是（　　　）。

A. JPEG　　　　　B. BMP　　　　　C. PPT　　　　　D. PSD

53．以下（　　　）是 Windows 的通用声音格式。

A. .wav　　　　　B. .mp3　　　　　C. .bmp　　　　　D. .cad

54．VCD 中的数据文件具有（　　　）。

A. MPEG-2 格式　B. MPEG-1 格式　C. MPEG-4 格式　D. MPEG-7 格式

55．Windows 中使用录音机录制的声音文本的格式是（　　　）。

A. . midi   B. . wav   C. . mp3   D. . mod

56. 创作一个多媒体作品的第一步是( )。

A. 需求分析   B. 修改调试   C. 作品发布   D. 脚本编写

57. 对于 WAV 波形文件和 MIDI 文件,下面( )的叙述不正确。

A. WAV 波形文件比 MIDI 文件的音乐质量高

B. 存储同样的音乐文件,WAV 波形文件比 MIDI 文件的存储量大

C. 一般来说,背景音乐用 MIDI 文件,解说用 WAV 文件

D. 一般来说,背景音乐用 WAV 文件,解说用 MIDI 文件

58. 根据多媒体计算机标准,在 MPC 系统中不可缺少的最基本的组成部分是( )。

A. 声卡   B. CD-ROM   C. 视频卡   D. 摄像头

59. 关于文件的压缩,以下说法正确的是( )。

A. 文本文件与图形图像都可以采用有损压缩

B. 文本文件与图形图像都不可以采用有损压缩

C. 文本文件可以采用有损压缩,图形图像不可以

D. 图形图像可以采用有损压缩,文本文件不可以

60. 衡量数据压缩技术性能的重要指标是( )。

① 压缩比   ② 算法复杂度   ③ 恢复效果   ④ 标准化

A. ①③   B. ①②③   C. ①③④   D. 全部

61. 某同学要制作关于社会实践活动的一段视频,他可以获得视频素材的途径是( )。

① 用超级解霸截取别人制作的社会实践活动 VCD 光盘片段

② 从学校的网上资源素材库里下载相关的视频片段

③ 利用数码相机拍摄图片,并通过视频编辑软件编制成视频片段

④ 利用摄像机现场拍

A. ①   B. ①②   C. ①②③   D. ①②③④

62. 摄像头的数据接口一般采用( )。

A. USB   B. IEEE1394   C. SCSI   D. 9 什串口

63. 缩小当前图像的画布大小后,图像分辨率会发生怎样的变化?( )

A. 图像分辨率降低   B. 图像分辨率增高

C. 图像分辨率不变   D. 不能进行这样的更改

64. 视频加工可以完成哪些制作?( )

① 将两个视频片断连在一起   ② 为影片添加字幕   ③ 为影片另配声音   ④ 为场景中的人物重新设计动作

A. ①②   B. ①③④   C. ①②③   D. ①④

65. 吴婷用图像处理软件美化一个人头像时,将眼睛、眉毛、鼻子、嘴巴分别放在四个图层修改,为使下次能继续在四个图层中单独修改,她在保存作品时应该选择的文件格式为( )。

A. . jpg   B. . psd   C. . gif   D. . bmp

66. 下列关于媒体和多媒体技术描述中正确的是( )。

① 媒体是指表示和传播信息的载体

② 交互性是多媒体技术的关键特征

③ 多媒体技术是指以计算机为平台综合处理多种媒体信息的技术

④ 多媒体技术要求各种媒体都必须数字化

⑤ 多媒体计算机系统就是有声卡的计算机系统

A. ①③④　　　　B. ①②③④　　　　C. ②③④⑤　　　　D. ①②③④⑤

67. 下面不属于文字输入设备的是（　　　）。

A. 键盘　　　　B. 扫描仪　　　　C. MOUSE　　　　D. 手写板

68. 下面为矢量图文件格式的是：（　　　）。

A. .png　　　　B. .jpg　　　　C. .gif　　　　D. .bmp

69. 下列（　　　）说法是错误的。

① 图像都是由一些排成行列的点(像素)组成的,通常称为位图或点阵图

② 图形是用计算机绘制的画面,也称矢量图

③ 图像的最大优点是容易进行移动、缩放、旋转和扭曲等到变换

④ 图形文件中只记录生成图的算法和图上的某些特征点,数据量较小

A. ③　　　　B. ①④　　　　C. ②　　　　D. ③④

70. 要把一台普通的计算机变成多媒体计算机要解决的关键技术是（　　　）。

A. 视频音频信号的获取　　　　　　B. 多媒体数据压缩编码和解码技术

C. 视频音频数据的实时处理和特技　　D. 视频音频数据的输出技术

71. 要从一部电影视频中剪取一段,可用的软件是（　　　）。

A. Goldwave　　　B. RealPlayer　　　C. 超级解霸　　　D. Authorware

72. 要将模拟图像转换为数字图像,正确的做法是（　　　）。

① 屏幕抓图　　② 用 Photoshop 加工　　③ 用数码相机拍摄　　④ 用扫描仪扫描

A. ①②　　　　B. ①②③　　　　C. ③④　　　　D. 全部

73. 要想提高流媒体文件播放的质量,最有效的措施是（　　　）。

A. 采用宽带网　　　　　　　　B. 更换播放器

C. 用超级解霸　　　　　　　　D. 自行转换文件格式

74. 一幅彩色静态图像RGB,设分辨率为256×512,每一个像素用256色表示,则该彩色静态图像的数据量为（　　　）。

A. $512 \times 512 \times 8$ bit　　　　　B. $256 \times 512 \times 8$ bit

C. $256 \times 256 \times 8$ bit　　　　　D. $512 \times 512 \times 8 \times 25$ bit

75. 以下用于三维制作的软件是（　　　）。

A. 3DsMax　　　B. Premiere　　　C. Photoshop　　　D. DOOMIII

76. 以下属于多媒体技术的是（　　　）。

① 远程教育　　② 美容院在计算机上模拟美容后的效果

③ 计算机设计的建筑外观效果图　　④ 房地产开发商制作的小区微缩景观模型

A. ①②　　　　B. ①②③　　　　C. ②③④　　　　D. 全部

77. 在多媒体课件中,课件能够根据用户答题情况给予正确和错误的回复,突出显示了多媒体技术的（　　　）。

A. 多样性　　　B. 非线性　　　C. 集成性　　　D. 交互性

78. 最基本的多媒体计算机是指安装了（　　）部件的计算机。

A. 高速 CPU 和高速缓存　　　　　　B. 光盘驱动器和音频卡

C. 光盘驱动器和视频卡　　　　　　D. 光盘驱动器和 TV 卡

79. 下面关于数字视频质量、数据量、压缩比关系的论述,哪个是不恰当的?(　　　　)

A. 数字视频质量越高,数据量越大

B. 压缩比增大,解压后数字视频质量开始下降

C. 对同一文件,压缩比越大数据量越小

D. 数据量与压缩比是一对矛盾

80. 下列哪些说法是正确的(　　　　)。

① 图像都是由一些排成行列的点(像素)组成的,通常称为位图或点阵图

② 图形是用计算机绘制的画面,也称矢量图

③ 图像的最大优点是容易进行移动、缩放、旋转和扭曲等变换

④ 图形文件中只记录生成图的算法和图上的某些特征点,数据量较小

A. ①②③　　　　B. ①②④　　　　C. ①②　　　　D. ①③④

81. 以下文件类型中,(　　　　)是音频格式。

A. .wav　　　　B. .gif　　　　C. .bmp　　　　D. .jpg

82. 下列软件中,属于视频编辑软件的有(　　　　)。

① Video For Windows　　② Quick Time　　③ Adobe Premiere　　④ Photoshop

A. 仅①　　　　B. ①②　　　　C. ①②③　　　　D. 全部

83. 关于 GIF 格式文件,以下不正确的是(　　　　)。

A. 可以是动画图像　　　　　　　　B. 颜色最多只有 256 种

C. 图像是真彩色的　　　　　　　　D. 可以是静态图像

84. 在图像像素的数量不变时,增加图像的宽度和高度,图像分辨率会发生怎样的变化?(　　　　)

A. 图像分辨率降低　　　　　　　　B. 图像分辨率增高

C. 图像分辨率不变　　　　　　　　D. 不能进行这样的更改

85. 下列采集的波形声音,(　　　　)的质量最好。

A. 单声道、8 位量化、22.05 kHz 采样频率

B. 双声道、8 位量化、44.1 kHz 采样频率

C. 单声道、16 位量化、22.05 kHz 采样频率

D. 双声道、16 位量化、44.1 kHz 采样频率

二、判断题。请在正确的题后括号中打√,错误的题后括号中打×。

1. 计算机只能加工数字信息,因此,所有的多媒体信息都必须转换成数字信息,再由计算机处理。　　　　　　　　　　　　　　　　　　　　　　　　　　　　　　(　　　)

2. 媒体信息数字化以后,体积减小了,信息量也减少了。　　　　　　　　　(　　　)

3. 制作多媒体作品首先要写出脚本设计,然后画出规划图。　　　　　　　　(　　　)

4. BMP 格式的图像转换为 JPG 格式,文件大小基本不变。　　　　　　　　(　　　)

5. 能播放声音的软件都是声音加工软件。　　　　　　　　　　　　　　　　(　　　)

6. 对图像文件采用有损压缩,可以将文件压缩的更小,减少存储空间。　　　(　　　)

7．对于多媒体通信要解决两个关键技术：多媒体数据压缩和高速数据通信问题。

    （　　）

8．JPEG标准适合于静止图像，MPEG标准适用于动态图像。　　　（　　）

9．采用JPEG标准压缩的图像，其图像质量一般都会有损失。　　（　　）

10．矢量图形放大后不会降低图形品质。　　　　　　　　　　　（　　）

11．在设计多媒体作品的界面时，要尽可能的多用颜色，使得界面更美观。（　　）

12．位图图像的最大优点是容易进行移动、缩放、旋转和扭曲等变换。（　　）

13．图形文件中是以指令集合的形式来描述的，数据量较小。　　（　　）

14．一幅位图图像在同一显示器上显示，显示器显示分辨率设的越大，图像显示的范围越小。　　　　　　　　　　　　　　　　　　　　　　　　　　　　（　　）

15．多媒体计算机系统就是有声卡的计算机系统。　　　　　　　（　　）

16．多媒体数据压缩方法根据质量有无损失可分为：有损编码和无损编码。（　　）

17．多媒体数据有损压缩是指压缩后，再经解码还原后的信号与原信号不能严格一致。

    （　　）

18．量化处理不能使数据比特率下降。　　　　　　　　　　　　（　　）

19．JPEG压缩标准仅适于静态图像的压缩。　　　　　　　　　（　　）

20．声音是机械振动在弹性介质中的传播的声波。　　　　　　　（　　）

21．在多媒体系统中，音频信号可分为模拟信号和数字信号两类。（　　）

22．声卡的分类主要是根据采样的压缩比来分，压缩比越大，音质越好。（　　）

23．数字图像是对图像函数进行模拟到数字的转换和对图像函数进行连续的数字编码相结合的结果。　　　　　　　　　　　　　　　　　　　　　　　　　（　　）

24．黑白全电视信号主要由图像信号、复合同步信号和复合消隐信号组成。（　　）

25．在现代彩色电视系统中，通常采用YUV彩色空间或RGB彩色空间。（　　）

26．人们目前常采用硬件和软件方法来设计计算机视频信号获取器。（　　）

27．多媒体计算机可分为两大类：一类是家电制造厂商研制的电视计算机（Teleputer）；另一类是计算机制造厂商研制的计算机电视（Compuvision）。　　　（　　）

28．多媒体数据压缩和解压技术是多媒体计算机系统的关键技术。（　　）

29．多媒体通信要解决两个关键技术：多媒体数据压缩和高速数据通信问题。（　　）

30．现实技术是许多相关学科领域交叉、集成的产物。　　　　　（　　）

实验 27 Windows 安全配置

【实验目的】

熟悉 Windows 7 系统的安全配置。

【实验环境】

中文版 Windows 7。

【实验案例】

案例 1：修改 Windows 系统注册表的安全配置，用"Regedit"命令启动注册表编辑器配置 Windows 系统注册表中的安全项。

操作步骤：

1. 关闭 Windows 远程注册表服务。通过任务栏的"开始->运行"输入 regedit 进入注册表编辑器。找到注册表中 HKEY_LOCAL_MACHINE\SYSTEM\CurrentControlSet\Services 下的"RemoteRegistry"。右击"RemoteRegistry"项选择"删除"，如图 27-1 所示。

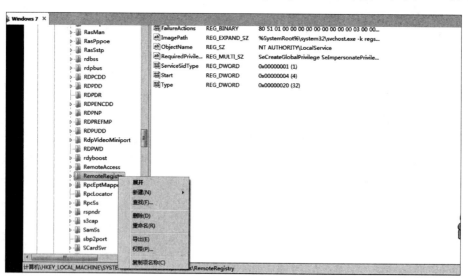

图 27-1　远程注册服务操作界面

2. 修改注册表防范 IPC $ 攻击。

IPC $（Internet Process Connection）它可以通过验证用户名和密码获得相应的权限，在远程管理计算机和查看计算机的共享资源时使用。如图 27-2 所示。

（1）查找注册表中"HKEY_LOCAL_MACHINE\SYSTEM\CurrentControlSet\

Control\LSA"的"RestrictAnonymous"项。

（2）右击选择"修改"。

（3）在弹出的"编辑 DWORD"值对话框中数值数据框中添入"1"，将"RestrictAnonymous"项设置为"1"，这样就可以禁止 IPC＄的连接单击"确定"按钮。

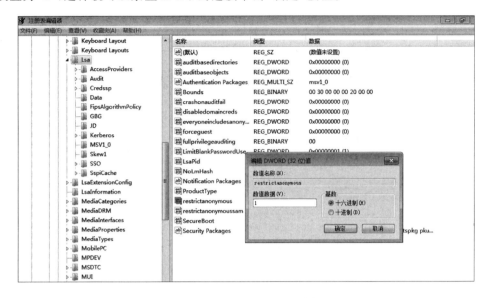

图 27-2　注册表防范 IPC＄连接操界面

3. 修改注册表关闭默认共享，如图 27-3 所示。

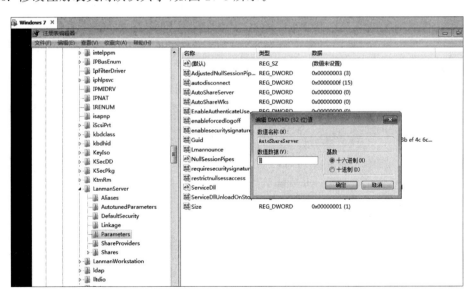

图 27-3　注册表关闭默认共享操作界面

（1）在注册表中找到"HKEY_LOCAL_MACHINE\SYSTEM\CurrentControlSet\Services\ LanmanServer \ Parameters"项。在该项的右边空白处右击，选择新建 DWORD 值。

（2）添加键值"AutoShareServer"（类型为"REG_DWORD"值为"0"）。

案例 2：修改 Windows 系统的安全服务设置

操作步骤：

通过"控制面板\管理工具\本地安全策略"配置本地的安全策略（命令：gpedit.msc，secpol.msc），如图 27-4 所示。

图 27-4　配置本地安全操作界面

在"本地安全策略"左侧列表的"安全设置"目录树中逐层展开"本地策略""安全选项"。查看右侧的相关策略列表在此找到"网络访问不允许 SAM 账户和共享的匿名枚举"用鼠标右击在弹出菜单中选择"属性"，而后会弹出一个对话框在此激活"已启用"选项，最后单击"应用"按钮使设置生效。

案例 3：设置用户的本地安全策略，包括密码策略和账户锁定策略，如图 27-5 所示。

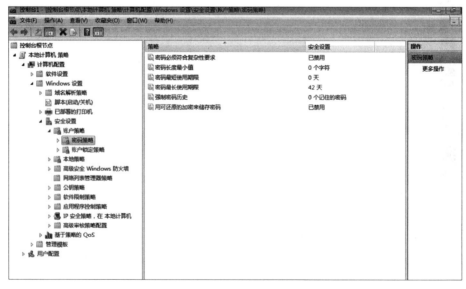

图 27-5　用户密码策略设置界面

操作步骤：

1. 打开"控制面板"→"管理工具"→"本地安全设置"。

2. 设置密码复杂性要求。双击"密码必须符合复杂性要求"就会出现"本地安全策略设置"界面，可根据需要选择"已启用"单击"确定"即可启用密码复杂性检查。

3. 设置密码长度最小值。双击"密码长度最小值"将密码长度设置在 6 位以上。

4. 设置密码最长存留期。双击"密码最长存留期"将密码作废期设置为 60 天，则用户每次设置的密码只在 60 天内有效。

案例 4：Windows 7 文件安全防护 EFS 的配置实用

操作步骤：

1. 在计算机里面选择要进行 EFS 的文件，然后右击选择"属性"。

2. 在"属性"里面选择"高级"选项（如图 27-6 所示）。

3. 在"高级属性"里面勾选"加密内容以便保护数据"（如图 27-7 所示）。

图 27-6　文件夹属性对话框

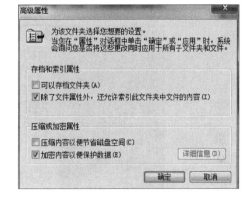

图 27-7　高级属性对话框

4. 完成 EFS 的步骤之后，加密的文件的名称会变成绿色的颜色，如图 27-8 所示。

图 27-8　完成 EFS 设置后的文件夹

【实验内容】

按上述操作范例通过上机实践，实现每一个安全设置功能，并重点掌握"本地安全策略设置"功能。

实验 28　查杀软件的应用与恶意软件的清理

【实验目的】

以奇虎 360 安全卫士软件为例,掌握查杀病毒的方法,养成定时查杀病毒的习惯,为后面使用其他类似软件以及企业级防毒系统的搭建操作打好基础。

【实验环境】

1. 中文版 Windows 7;
2. 360 安全卫士软件。

【实验案例】

案例 1:360 安全卫士中常用功能的使用

操作步骤:

1. 安装 360(下载地址 http://www.360.cn/down/soft_down2-3.html),如图 28-1、图 28-2 的安装向导界面。

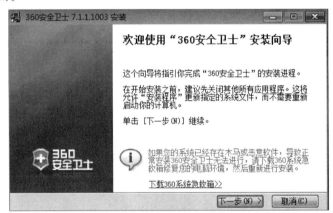

图 28-1　360 安全卫士安装向导

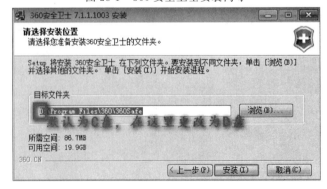

图 28-2　安全卫士安装路径选择

2. 病毒查杀:点击"查杀修复"按钮,进入360查杀子窗口,开始扫描,如图28-3和图28-4所示。

图 28-3　360 安全卫士主界面

图 28-4　病毒查杀主界面

(1)快速扫描和全盘扫描无须设置,点击后自动开始;

(2)选择自定义扫描后,可根据需要添加扫描区域。

3. 清理插件:(插件是一种遵循一定规范的应用程序接口编写出来的程序)可卸载千余款插件,提升系统速度,如图28-5所示。

(1)立即清理:选中要清除的插件,单击此按钮,执行立即清除;

(2)信任选中插件:选中信任的插件,单击此按钮,添加到"信任插件"中。

4. 修复漏洞:360安全卫士提供的漏洞补丁均由微软官方获取。及时修复漏洞,保证系统安全,如图28-6所示。重新扫描:单击此按钮,将重新扫描系统,检查漏洞情况。

5. 清理垃圾:360安全卫士,提供了清理系统垃圾的服务,定期清理系统垃圾使系统运行更流畅,如图28-7所示。开始扫描:程序会自动扫描系统存在的垃圾文件。

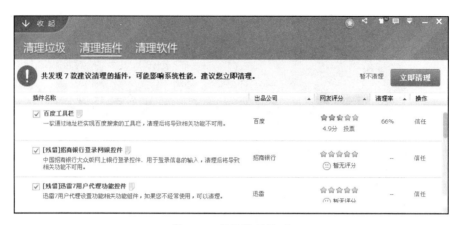

图 28-5　插件清理界面

图 28-6　修复漏洞界面

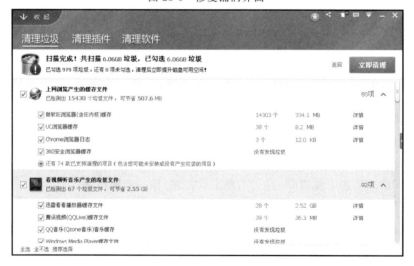

图 28-7　清理垃圾界面

6. 清理痕迹：360 安全卫士的清理痕迹功能可以清理平时使用计算机所留下的痕迹，这样做可以极大地保护隐私，如图 28-8 所示。开始扫描：程序会自动扫描系统存在的痕迹。

图 28-8　清理痕迹

7. 系统修复：在这里你可以一键修复 IE 的诸多问题，使 IE 迅速恢复到"健康状态"。一键修复：选中要修复的项，单击此按钮，立即修复，如图 28-9 所示。

图 28-9　系统修复界面

8. 流量监控：360 安全卫士可以实时监控目前系统正在运行程序的上传和下载的数据流量，如图 28-10 所示。

9. 360 安全防护中心：打开 360 安全防护中心，查看并设置各种防护功能的开启状态，通过对系统的各种安全设置及时的阻击恶评插件和木马的入侵。可以根据系统资源情况决定对选取的安全功能是否开启，如图 28-11 所示。

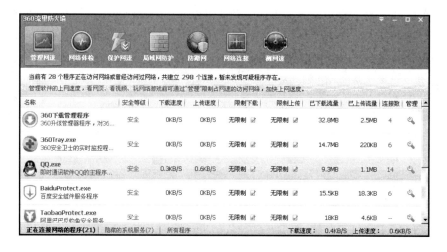

图 28-10　监控界面

图 28-11　实时保护界面

【实验内容】

1. 在以上的介绍中,还有很多功能没有介绍到,请在实验中自学 360 的其他功能。
2. 下载安装百度卫士,试在该软件中实现上述功能。

实验 29　信息安全与病毒防范基础知识练习

【实验目的】

掌握本章的基础知识,熟悉利用计算机做练习题的方法为今后的上机考核做准备,并巩固信息安全与病毒防范知识。

【实验环境】

1. 中文版 Windows 7;
2. 中文版 Word 2010。

【实验方法】

把老师提供的"信息安全与病毒防范基础知识"试题的 Word 文档复制到自己工作计算机上,打开该文档,仔细阅读每道题目,把每题的正确答案填写到该题目中的括号中。做完后保存好自己的文档(最好用自带的 U 盘保存),课堂上最后 10 分钟再与老师给出的参考答案核对,修改后保存。

【实验内容】

信息安全与病毒防范基础知识习题

一、下列习题都是单选题,请选择 A、B、C、D 中的一个字母写到本题的括号中。

1. 下列叙述中,(　　)是不正确的。

A. "黑客"是指黑色的病毒　　　　　　B. 计算机病毒是程序

C. CIH 是一种病毒　　　　　　　　　　D. 防火墙是一种被动式防卫软件技术

2. 下述(　　)不属于计算机病毒的特征。

A. 传染性,隐蔽性　　　　　　　　　　B. 侵略性,破坏性

C. 潜伏性,自灭性　　　　　　　　　　D. 破坏性,传染性

3. 目前常用的保护计算机网络安全的技术措施是(　　)。

A. 防火墙　　　　　　　　　　　　　　B. 防风墙

C. KV3000 杀毒软件　　　　　　　　　　D. 使用 Java 程序

4. 计算机病毒的主要危害是(　　)。

A. 破坏信息,损坏 CPU　　　　　　　　B. 干扰电网,破坏信息

C. 占用资源,破坏信息　　　　　　　　D. 更改 Cache 芯片中的内容

5. 以下有关加密的说法中不正确的是(　　)。

A. 密钥密码体系的加密密钥与解密密钥使用相同的算法

B. 公钥密码体系的加密密钥与解密密钥使用不同的密钥

C. 公钥密码体系又称为对称密钥体系

D. 公钥密码体系又称为不对称密钥体系

6. 目前常用的加密方法主要有（   ）两种。

A. 密钥密码体系和公钥密码体系　　　B. DES 和密钥密码体系

C. RES 和公钥密码体系　　　　　　　D. 加密密钥和解密密钥

7. 数字签名通常使用（   ）方式。

A. 公钥密码体系中的公开密钥与 Hash 相结合

B. 密钥密码体系

C. 公钥密码体系中的私人密钥与 Hash 相结合

D. 公钥密码体系中的私人密钥

8. 以下预防计算机病毒的方法无效的是（   ）。

A. 尽量减少使用计算机

B. 不非法复制及使用软件

C. 定期用杀毒软件对计算机进行病毒检测

D. 禁止使用没有进行病毒检测的软盘

9. 以下有关对称密钥密码体系的安全性说法中不正确的是（   ）。

A. 加密算法必须是足够强的，仅仅基于密文本身去解密在实践中是不可能做到的

B. 加密的安全性依赖于密钥的秘密性，而不是算法的秘密性

C. 没有必要保护算法的秘密性。而需要保证密钥的秘密性

D. 加密和解密算法都需要保密

10. 电子商务的安全保障问题主要涉及（   ）等。

A. 加密

B. 防火墙是否有效

C. 数据被泄露或篡改、冒名发送、未经授权者擅自访问网络

D. 身份认证

11. 以下有关对称密钥加密体系说法中不正确的是（   ）。

A. 对称密钥加密体系的算法实现速度快，比较适合于加密数据量大的文件内容

B. 密钥的分发和管理非常复杂、代价高昂

C. 对称密钥密码体系最著名的算法有 DES

D. N 个用户的网络，堆成密钥密码体系需要 N 个密钥

12. 数字签名的方式是通过第三方权威认证中心在网上认证身份，认证中心通常称为（   ）。

A. CA　　　　　　B. SET　　　　　　C. CD　　　　　　D. DES

13. 以下信息中（   ）不是数字证书申请者的信息。

A. 版本信息　　　　　　　　　　　　B. 证书序列号

C. 签名算法　　　　　　　　　　　　D. 申请者的姓名年龄

14. 数字签名是解决（   ）问题的方法。

A. 未经授权擅自访问网络　　　　　　B. 数据被泄露或篡改

C. 冒名发送数据或发送数据后抵赖　　D. 以上三种

15. 使用公钥密码体系,每个用户只需妥善保存(　　)密钥。

A. 一个　　　　　　　B. N 个　　　　　　　C. 一对　　　　　　　D. N 对

16. 关于计算机病毒,下列正确的说法是(　　)。

A. 计算机病毒可以烧坏计算机的电子器件

B. 计算机病毒是一种传染力极强的生物细菌

C. 计算机病毒是一种人为特制的具有破坏性的程序

D. 计算机病毒一旦产生,便无法清除

17. 关于计算机病毒的描述哪一项不正确?(　　)

A. 破坏性　　　　　　B. 偶然性　　　　　　C. 传染性　　　　　　D. 潜伏性

18. 要清除已经染上病毒的计算机系统,一般须先(　　)。

A. 把硬盘上的所有文件删除　　　　　　B. 修改计算机的系统时间

C. 格式化硬盘　　　　　　　　　　　　D. 用不带毒的操作系统重新启动计算机

19. 计算机感染病毒的途径不可能的有(　　)。

A. 被生病的人操作　　　　　　　　　　B. 从 Internet 上下载文件

C. 玩网络游戏　　　　　　　　　　　　D. 使用来历不明的文件

20. 若出现下列情况,可以判断计算机一定已被病毒感染(　　)。

A. 执行文件的字节数变大　　　　　　　B. 硬盘不能启动

C. 安装软件的过程中,提示"内存不足"　D. 不能正常打印文件

21. 计算机病毒会造成计算机的(　　)损坏。

A. 硬件、软件和数据　　　　　　　　　B. 硬件和软件

C. 软件和数据　　　　　　　　　　　　D. 硬件和数据

22. 某片软盘上已染有病毒,为防止该病毒传染到计算机系统,正确的措施是(　　)。

A. 删除该盘上的所有程序　　　　　　　B. 给该软盘加上写保护

C. 将该软盘放一段时间后再用　　　　　D. 将该软盘重新格式化

23. 数字签名的作用是(　　)。

A. 为了确定发送文件数量的签名　　　　B. 防止抵赖

C. 数字签名只是一种发送文件的形式　　D. 表示所签的文件归本人所有

24. 发现计算机病毒后,比较彻底的清除方式是(　　)。

A. 用查毒软件处理　　　　　　　　　　B. 删除磁盘文件

C. 用杀毒软件处理　　　　　　　　　　D. 格式化磁盘

25. 计算机病毒通常是(　　)。

A. 一般程序　　　　　　B. 一个命令　　　　　C. 一个文件　　　　　D. 一个标记

26. 文件型病毒传染的对象主要是(　　)。

A. .dbf　　　　　　　　B. .wps　　　　　　　C. .com 和 .exe　　　D. .exe 和 .wps

27. 关于计算机病毒的传播途径,不正确的说法(　　)。

A. 通过软盘复制　　　　　　　　　　　B. 通过公用软盘

C. 通过共同存放软盘　　　　　　　　　D. 通过借用他人的软盘

28. 目前最好的防范病毒软件的作用是(　　)。

A. 检查计算机是否染有病毒,消除已感染的任何病毒

B. 杜绝病毒对计算机的侵害

C. 查处计算机已感染的任何病毒,消除其中的一部分

D. 检查计算机是否感染病毒,消除已感染的部分病毒

29. 公安部开发的 SCAN 软件是用于计算机的(　　　)。

　　A. 病毒检查　　　　　　　　　　　B. 病毒分析与统计

　　C. 病毒预防　　　　　　　　　　　D. 病毒示范

30. 防病毒卡能够(　　　)。

　　A. 自动发现病毒入侵的迹象并提醒操作者或及时阻止病毒的入侵

　　B. 杜绝病毒对计算机的侵害

　　C. 自动发现并阻止任何病毒的入侵

　　D. 自动消除已感染的所有病毒

31. 计算机病毒是可以造成机器故障的(　　　)。

　　A. 一种计算机设备　　　　　　　　B. 一块计算机芯片

　　C. 一种计算机部件　　　　　　　　D. 一种计算机程序

32. 若一张软盘被封住了写保护口,则(　　　)。

　　A. 既向外传染病毒又会感染病毒　　B. 不会向外传染病毒,也不会感染病毒

　　C. 不会传染病毒,但会感染病毒　　　D. 不会感染病毒,但会传染病毒

33. 防止计算机传染病毒的方法是(　　　)。

　　A. 不使用有病毒的盘片　　　　　　B. 不让有传染的人操作

　　C. 提高计算机电源稳定性　　　　　D. 联机操作

34. 计算机病毒的危害性表现在(　　　)。

　　A. 能造成计算机期间永久性失效　　B. 影响程序的执行,破坏用户数据与程序

　　C. 不影响计算机的运行速度　　　　D. 不影响计算机的运算结果,不休采取措施

35. 下面有关计算机病毒的说法正确的是(　　　)。

　　A. 计算机病毒是一个 MIS 程序

　　B. 计算机病毒是对人体有害的传染病

　　C. 计算机病毒是一个能够通过自身复制传染、起破坏作用的计算机程序

　　D. 计算机病毒是一段程序,但对计算机无害

36. 计算机病毒对于操作计算机的人(　　　)。

　　A. 只会传染,不会致病　　　　　　B. 会感染致病

　　C. 不会感染　　　　　　　　　　　D. 会有厄运

37. 计算机病毒是一组计算机程序,它具有(　　　)。

　　A. 传染性　　　　　　　　　　　　B. 隐蔽性

　　C. 危害性　　　　　　　　　　　　D. 传染性、隐蔽性和危害性

38. 计算机病毒造成的损坏主要是(　　　)。

　　A. 文字处理和数据库管理软件　　　B. 操作系统和数据库管理系统

　　C. 程序和数据　　　　　　　　　　D. 系统软件和应用软件

39. 以下措施不能防止计算机病毒的是(　　　)。

　　A. 软盘未贴写保护

B. 先用杀毒软件对从别人机器上复制过来的文件清查病毒

C. 不用来历不明的磁盘

D. 经常关注防病毒软件的版本升级情况,并尽量取得最高版本的防毒软件

40. 计算机病毒通常分为引导型、复合型和(   )。

    A. 外壳型   B. 文件型   C. 内码型   D. 操作系统型

41. 计算机病毒造成的损坏主要是(   )。

    A. 磁盘   B. 磁盘驱动器

    C. 磁盘和其中的程序及数据   D. 程序和数据

42. 公安部开发的 KILL 软件是用于计算机的(   )。

    A. 病毒检查和消除 B. 病毒分析和统计 C. 病毒防疫   D. 病毒防范

43. 不易被感染上病毒的文件是(   )。

    A. . com   B. . exe   C. . txt   D. . boot

44. 文件被感染上病毒之后,其基本特征是(   )。

    A. 文件不能被执行 B. 文件长度变短   C. 文件长度加长   D. 文件照常能执行

45. 计算机机房安全等级分为 A、B、C 三级,其中 C 级的要求是(   )。

    A. 计算机实体能运行

    B. 计算机设备能安放

    C. 有计算机操作人员

    D. 确保系统做一般运行时要求的最低限度安全性、可靠性所应实施的内容

46. (   )是在计算机信息处理和传输过程中唯一切实可行的安全技术。

    A. 无线通信技术   B. 专门的网络传输技术

    C. 密码技术   D. 校验技术

47. 我国政府颁布的《计算机软件保护条例》从(   )开始实施。

    A. 1986 年 10 月   B. 1990 年 6 月

    C. 1991 年 10 月   D. 1993 年 10 月

48. 在下列计算机安全防护措施中,(   )是最重要的。

    A. 提高管理水平和技术水平   B. 提高硬件设备运行的可靠性

    C. 预防计算机病毒的传染和传播 D. 尽量防止自然因数的损害

49. 计算机犯罪是一个(   )问题。

    A. 技术   B. 法律范畴的   C. 政治   D. 经济

50. 防止软盘感染病毒的有效办法是(   )。

    A. 定期用药物给机器消毒   B. 加上写保护

    C. 定期对软盘进行格式化   D. 把有毒盘销毁

51. 计算机信息安全是指(   )。

    A. 保障计算机使用者的人身安全   B. 计算机能正常运行

    C. 计算机不被盗窃   D. 计算机中的信息不被泄露、篡改和破坏

52. 为了防止病毒传染到保存有重要数据的 3.5 英寸软盘片上,正确的方法是(   )。

    A. 关闭盘片片角上的小方口   B. 打开盘片片角上的小方口

    C. 将盘片保存在清洁的地方   D. 不要将盘片与有病毒的盘片放在一起

53. 下列关于计算机病毒的叙述中,正确的选项是(　　　　)。

A. 计算机病毒只感染.exe 或.com 文件

B. 计算机病毒可以通过读写软件、光盘或 Internet 网络进行传播

C. 计算机病毒是通过电力网进行传播的

D. 计算机病毒是由于软件片表面不清洁而造成的

54. 计算机病毒破坏的主要对象是(　　　　)。

A. 磁盘片　　　　　B. 磁盘驱动器　　　　C. CPU　　　　　D. 程序和数据

55. 计算机病毒是一种(　　　　)。

A. 特殊的计算机部件　　　　　　　　B. 游戏软件

C. 人为编制的特殊程序　　　　　　　D. 能传染的生物病毒

56. 计算机病毒通常是(　　　　)。

A. 一个系统文件　　B. 一个命令　　　　C. 一个标记　　　　D. 一段程序

57. 发现微型计算机染有病毒后,较为彻底的清除方法是(　　　　)。

A. 用查毒软件处理　　　　　　　　　B. 用杀毒软件处理

C. 删除磁盘文件　　　　　　　　　　D. 重新格式化磁盘

58. 下列说法错误的是(　　　　)。

A. 用杀毒软件将一张软盘杀毒后,该软盘就没有病毒了

B. 计算机病毒在某种条件下被激活了之后,才开始起干扰和破坏作用

C. 计算机病毒是人为编制的计算机程序

D. 尽量做到专机专用或安装正版软件,才是预防计算机病毒的有效措施

59. 下列叙述中,正确的是(　　　　)。

A. 反病毒软件通常滞后于计算机新病毒的出现

B. 反病毒软件总是超前于病毒的出现,它可以查、杀任何种类的病毒

C. 感染过计算机病毒的计算机具有该病毒的免疫性

D. 计算机病毒会危害计算机用户的健康

60. 下列关于计算机病毒的四条叙述中,有错误的一条是(　　　　)。

A. 计算机病毒是一个标记或一个命令

B. 计算机病毒是人为制造的一种程序

C. 计算机病毒是一种能过磁盘、网络等媒介传播、扩散,并能传染其他程序的程序

D. 计算机病毒是能够实现自身复制,并借助一定的媒体存的具有潜伏性、传染性和破坏性的程序

61. 以下关于防火墙的说法,不正确的是(　　　　)。

A. 防火墙是一种隔离技术

B. 防火墙的主要工作原理是对数据包及来源进行检查,阻断被拒绝的数据

C. 防火墙的主要功能是查杀病毒

D. 尽管利用防火墙可以保护网络免受外部黑客的攻击,但其目的只是能够提高网络的安全性,不可能保证网络绝对安全

62. 下列关于网络安全服务的叙述中,(　　　　)错误的。

A. 应提供访问控制服务以防止用户否认已接收的信息

B. 应提供认证服务以保证用户身份的真实性

C. 应提供数据完整性服务以防止信息在传输过程中被删除

D. 应提供保密性服务以防止传输的数据被截获或篡改

63. 以下网络安全技术中,不能用于防止发送或接受信息的用户出现"抵赖"的是(　　)。

A. 数字签名　　　　B. 防火墙　　　　C. 第三方确认　　　　D. 身份认证

64. 目前,国外一些计算机和网络组织制定的一系列相应规则中,不正确的是(　　)。

A. 不应用计算机作伪证　　　　　　　　B. 应该考虑你所编的程序的社会后果

C. 不应盗用别人的智力成果　　　　　　D. 可以窥探别人的文件

65. 以下属于软件盗版行为的是(　　)。

A. 复制不属于许可协议允许范围之内的软件

B. 对软件或文档进行租赁、二级授权或出借

C. 在没有许可证的情况下从服务器进行下载

D. 以上皆是

66. 网络安全涉及范围包括(　　)。

A. 加密、防黑客　　　　　　　　　　　B. 防病毒

C. 法律政策和管理问题　　　　　　　　D. 以上皆是

67. 计算机病毒是(　　)。

A. 一种侵犯计算机的细菌　　　　　　　B. 一种坏的磁盘区域

C. 一种特殊程序　　　　　　　　　　　D. 一种特殊的计算机

68. 下列选项中,不属于计算机病毒特征的是(　　)。

A. 传染性　　　　B. 免疫性　　　　C. 潜伏性　　　　D. 破坏性

69. 目前在企业内部网与外部网之间,检查网络传送的数据是否会对网络安全构成威胁的主要设备是(　　)。

A. 路由器　　　　B. 防火墙　　　　C. 交换机　　　　D. 网关

70. 在进行病毒清除时,应当(　　)。

A. 先备份重要数据　　　　　　　　　　B. 先断开网络

C. 及时更新杀毒软件　　　　　　　　　D. 以上都对

71. 以下关于计算机病毒说法正确的是(　　)。

A. 发现计算机病毒后,删除磁盘文件是能彻底清除病毒的方法

B. 计算机病毒是一种能够给计算机造成一定损害的计算机程序

C. 使用只读型光盘不可能使计算机感染病毒

D. 计算机病毒具有隐蔽性、传染性、再生性等特性

72. 软件盗版是指未经授权对软件进行复制、仿制、使用或生产。下列(　　)属于软件盗版的主要形式。

A. 最终用户盗版　　　　　　　　　　　B. 盗版软件光盘

C. Internet 在线软件盗版　　　　　　　D. 使用试用版的软件

73. 计算机可能传染病毒的途径是(　　)。

A. 使用空白新软盘　　　　　　　　　　B. 使用来历不明的软盘

C. 输入了错误的命令　　　　　　　　　D. 格式化硬盘

74. 对计算机病毒描述正确的是（　　　）。

　　A. 生物病毒的变种　　　　　　　　B. 一个 Word 文档

　　C. 一段可执行的代码　　　　　　　D. 不必理会的小程序

75. 有一种计算机病毒通常寄生在其他文件中，常常通过对编码加密或使用其他技术来隐藏自己，攻击可执行文件。这种计算机病毒被称为（　　　）。

　　A. 文件型病毒　　　B. 引导型病毒　　　C. 脚本病毒　　　D. 宏病毒

76. 计算机安全通常包括硬件、（　　　）。

　　A. 数据和运行　　　B. 软件和数据　　　C. 软件、数据和操作D. 软件

77. 关于计算机病毒的预防，以下说法错误的是（　　　）。

　　A. 在计算机中安装防病毒软件，定期查杀病毒

　　B. 不要使用非法复制和解密的软件

　　C. 在网络上的软件也带有病毒，但不进行传播和复制

　　D. 采用硬件防范措施，如安装微机防病毒卡

78. 下列现象中，可能感染了计算机病毒的是（　　　）。

　　A. 键盘插头松动　　　　　　　　　B. 计算机的运行速度明显变慢

　　C. 操作计算机的水平越来越高　　　D. 计算机操作者的视力越来越差

79. 下列不属于传播病毒的载体是（　　　）。

　　A. 显示器　　　　B. 软盘　　　　C. 硬盘　　　　D. 网络

80. 为防止黑客（Hacker）的入侵，下列做法有效的是（　　　）。

　　A. 关紧机房的门窗　　　　　　　　B. 在机房安装电子报警装置

　　C. 定期整理磁盘碎片　　　　　　　D. 在计算机中安装防火墙

二、判断题。请在正确的题后括号中打√，错误的题后括号中打×。

1. 所谓计算机"病毒"的实质，是指盘片发生了霉变。　　　　　　　　（　　　）

2. 计算机病毒只感染可执行文件。　　　　　　　　　　　　　　　　（　　　）

3. 计算机病毒具有传播性、破坏性、易读性。　　　　　　　　　　　（　　　）

4. 不易被感染上病毒的文件是.txt 文件。　　　　　　　　　　　　　（　　　）

5. 计算机病毒会造成 CPU 的烧毁。　　　　　　　　　　　　　　　（　　　）

6. 目前使用的防杀毒软件的作用是检查计算机是否感染病毒，消除部分已感染病毒。
　　　　　　　　　　　　　　　　　　　　　　　　　　　　　　　（　　　）

7. 病毒程序没有文件名，靠标记进行判别。　　　　　　　　　　　　（　　　）

8. 已经染上病毒的计算机系统，一般须先用不带毒的操作系统重新启动计算机。（　　　）

9. 防火墙是设置在被保护的内部网路和外部网络之间的软件和硬件设备的结合。
　　　　　　　　　　　　　　　　　　　　　　　　　　　　　　　（　　　）

10. 数字签名必须满足接收方能够核实发送方对报文的签名、发送方不能抵赖对报文的签名、接收方不能伪造对报文的签名。　　　　　　　　　　　　　　（　　　）

11. 黑客侵入他人系统体现高超的计算机操作能力，我们应向他们学习。（　　　）

12. CIH 病毒通过修改 CMOS 破坏计算机硬件，只要我们修改计算机的系统日期跳过26 日，CIH 病毒就不会发作。　　　　　　　　　　　　　　　　　　（　　　）

13. 信息部计算机管理监察机构负责计算机信息网络国际联网的安全保护管理工作。

                                                                                    (   )

14. 我们使用盗版杀毒软件也可以有效地清除病毒。(   )

15. 我们一般说的病毒就是指一段计算机程序。(   )

16. 在下载文件的情况下,你的计算机可能会染上计算机病毒。(   )

17. 计算机病毒可通过网络、软盘、光盘等各种媒介传染,有的病毒还会自行复制。

                                                                                    (   )

18. 一般情况下,浏览器不可能将病毒带入计算机。(   )

19. 用查毒软件对你的计算机进行检查,并报告没有病毒,说明你的计算机一定没有病毒。(   )

20. 上网浏览网页不会感染计算机病毒。(   )

21. 使用 ARJ 等压缩的文件,不会有病毒存在。(   )

22. 计算机病毒可通过软盘、光盘、网络传播。(   )

23. 在网上下载软件,可能会使计算机感染病毒。(   )

24. 可通过磁盘扫描程序完成计算机病毒的扫描和清除。(   )

25. CIH 病毒在 26 日发作,因而 26 日都不可用计算机。(   )

26. 当计算机感染上 CIH 后,立即用最新的杀毒软件一般可以消除。(   )

27. 熊猫烧香是一种佛教类应用软件。(   )

28. CIH 可通过 Internet 广泛传播。(   )

29. 当发现病毒时,它们往往已经对计算机系统造成了不同程度的破坏,即使清除了病毒,受到破坏的内容有时也不可恢复的。因此,对计算机病毒必须以预防为主。(   )

30. 禁止在计算机上玩电子游戏,是预防感染计算机病毒的有效措施之一。(   )

实验 30　Word 2010 案例综合练习

【实验目的】

1. 掌握 Word 2010 的基本操作,学习利用 Word 中的功能来实现对文档的操作和美化,用自己掌握的知识点完成各项参数设置;

2. 学会对文档中文字的复制、剪切、删除和插入等操作的常用方法;

3. 掌握文档的修改和编辑;

4. 熟练掌握文档的格式化设置和对象添加的常用操作方法,掌握邮件合并的功能。

【实验环境】

1. 中文版 Windows 7;

2. 中文 Word 2010。

【实验案例】

案例 1:新建一个 Word,内容如图 30-1 所示,制作一份高校网络创业邀请函,请按照要求完成以下操作并保存。

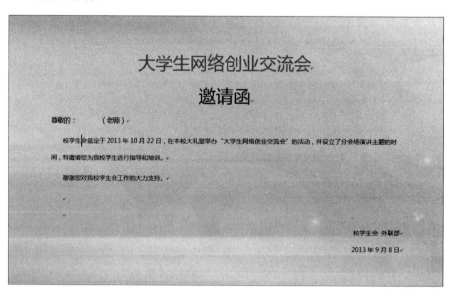

图 30-1　案例 1 内容

1. 调整文档版面,要求页面高度为 18 厘米,宽度为 30 厘米,页边距(上、下)为 2 厘米,页边距(左、右)为 3 厘米。

2. 从计算机中搜索一张合适的图片设置为邀请函背景图片。

3．根据以上的截图调整邀请函中文本的字体、字号和颜色。

4．调整内容文字段落对齐方式。

5．根据内容布局需要，调整邀请函中"大学生网络创业交流会"和"邀请函"两个段落的间距。

6．在"尊敬的"和"（老师）"之间，插入邀请的专家和老师姓名，邀请的老师姓名在"通讯录.xlsx"文件中，每页只能包含一位老师或专家，所有的邀请函页面请另外保存到一个名为"Word—邀请函"文件中。通讯录如图30-2所示。

编号	姓名	性别	公司	地址	邮政编码
BY001	邓建威	男	电子工业出版社	北京市太平路23号	100036
BY002	郭小春	男	中国青年出版社	北京市东城区东四十条94号	100007
BY007	陈岩捷	女	天津广播电视大学	天津市南开区迎水道1号	300191
BY008	胡光荣	男	正同信息技术发展有限公司	北京市海淀区二里庄	100083
BY005	李达志	男	清华大学出版社	北京市海淀区知春路西格玛中心	100080

图 30-2　通迅录

7．请保存 Word 文件。

操作步骤：

（1）【步骤】

步骤1：新建文档"Word.docx"，输入图30-1所示的内容。

步骤2：单击"页面布局"选项卡→"页面设置"组的对话框启动器，打开"页面设置"对话框，在"页边距"选项卡中的"页边距"区域中设置页边距（上、下）为2厘米，页边距（左、右）为3厘米，如图30-3所示。

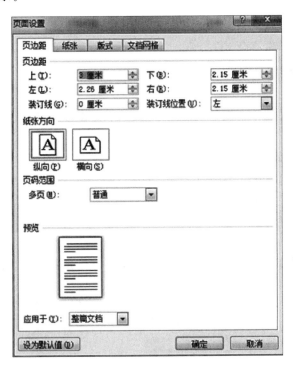

图 30-3　页面设置对话框

步骤 3：在"纸张"选项卡中的"纸张大小"区域设置为"自定义"，然后设置页面高度 18 厘米，页面宽度 30 厘米。

步骤 4：单击"页面布局"选项卡→"页面背景"组的"页面颜色"右侧的下三角，打开"页面颜色"下拉列表，选择"填充效果"，打开"填充效果"对话框，单击"图片"选项卡中的"选择图片"按钮，选择"背景图片.jpg"，如图 30-4 所示，这样就设置好了背景。

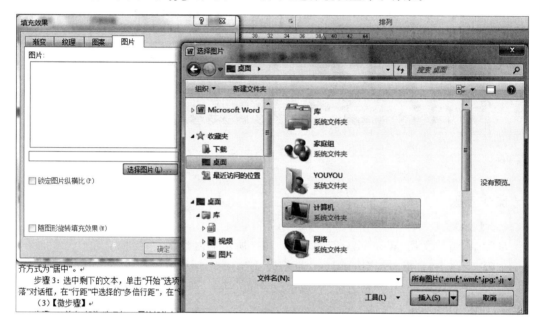

图 30-4　图片选择界面

（2）【步骤】

步骤 1：选中文本"大学生网络创业交流会"，设置字号为"初号"、字体为"黑体"和颜色为"深蓝"。对齐方式为"居中"。

步骤 2：选中文本"邀请函"，设置字号为"初号"、字体为"黑体"和颜色为"黑色"。对齐方式为"居中"。

步骤 3：选中剩下的文本，单击"开始"选项卡→"段落"组的对话框启动器，打开"段落"对话框，如图 30-5 所示，在"行距"中选择的"多倍行距"，在"设置值"中设置"3"。

（3）【步骤】

步骤 1：单击"邮件"选项卡→"开始邮件合并"组→"开始邮件合并"→"邮件合并分步向导"命令。

步骤 2：打开了"邮件合并"任务窗格，进入"邮件合并分步向导"的第 1 步（共 6 步），在"选择文档类型"中选择"信函"，如图 30-6 所示。

步骤 3：单击"下一步"：正在启动文档链接，进入"邮件合并分步向导"的第 2 步，在"选择开始文档"中选择"使用当前文档"，即以当前的文档作为邮件合并的主文档，如图 30-7 所示。

步骤 4：接着单击"下一步"：选取收件人链接，进入"邮件合并分步向导"的第 3 步。在"选择收件人"中选择"使用现有列表"按钮，如图 30-8 所示，然后单击"浏览超链接"。

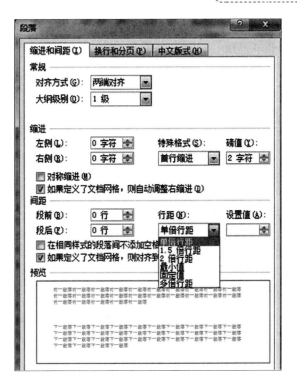

图 30-5 段落格式设置对话框

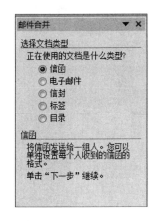

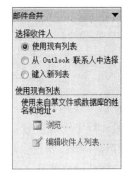

图 30-6 邮件合并对话框　　图 30-7 "使作当前文档"选择对话框　　图 30-8 "选择收件人"对话框

步骤 5：打开"选择数据源"对话框,选择保存拟邀请的专家和老师姓名(自己事先做好的通讯录,如图 30-2 所示内容),然后单击"打开"按钮;此时打开"选择表格"对话框,选择保存专家和老师姓名信息的工作表名称,然后单击"确定"按钮。

步骤 6：打开"邮件合并收件人",可以对需要合并的收件人信息进行修改,然后单击"确定"按钮,完成了现有工作表的链接。

步骤 7：接着单击"下一步",撰写信函链接,进入"邮件合并分步向导"的第 4 步。如果用户此时还没有撰写邀请函的正文,可以在活动文档窗口输入与输出一致的文本。如果需要将收件人信息添加到信函中,先将鼠标指针定位在文档中的合适位置,但后单击"地址块"

等超链接,本例单击"其他项目"超链接。

步骤 8:打开"编写和插入域"对话框,如图 30-9 所示,在"域"列表中,选择要添加邀请函的邀请人的姓名所在位置的域,本例选择姓名,单击"插入"按钮。插入完毕后单击"关闭"按钮,关闭"插入合并域"对话框。此时文档中的相应位置就会出现已插入的标记。

图 30-9   编写和插入域的打开

步骤 9:单击"邮件"选项卡→"开始邮件合并"组→"规则"→"如果...那么...否则"命令,打开"插入 Word 域"对话框,进行信息设置,单击"确定"按钮。

步骤 10:在"邮件合并"任务窗格单击"下一步",预览信函链接,进入"邮件合并分步向导"的第 5 步。

步骤 11:在"邮件合并"任务窗格单击"下一步",完成合并链接,进入"邮件合并分步向导"的第 6 步,选择"编辑单个信函"超链接。

步骤 12:打开"合并到新文档对话框",选中"全部"按钮,单击"确定"按钮。这样 Word 将 Excel 中存储的收件人信息自动添加到邀请函正文中,并合并生成一个新文档。

【实验内容】

1. 苏娟是海明公司的前台文秘,她的主要工作是管理各种档案。新年将至,公司定于 2016 年 2 月 6 日下午五点,在中关村海龙大厦五楼多功能厅举办一个联谊会,重要的客人目录保存在"重要客户名录.docx"中,公司联系电话为 010-8886666。重要客户名录表如下:

姓名	职务	单位
王选	董事长	方正公司
李鹏	总经理	同方公司
江汉民	财务总监	万邦达公司

根据上述内容制作一份请柬,要求如下:

(1)制作一份请柬,要求以"董事长:王伟"的名义发出邀请,请柬中需要包含标题、收件人、联谊会时间、联谊会地点以及邀请人。

(2)对请柬作适当的排版,具体要求:改变字体、加大字号,且标题(请柬)部分与正文部分(尊敬的×××开头)采用不相同的字体和字号,加大行距和段落间距,适当设置左右及首行缩进,美观符合阅读标准。

(3)在请柬的左下角插入一幅图片,图片自选。调整大小及其位置,不影响文字排列和不遮挡文字内容。

(4)进行页面设置,加大上边距;为文档页眉,要求页眉内容包含公司电话号码。

(5)运用邮件合并功能制作内容相同、收件人不同(收件人为"重要客户名录.docx"中的每个人,采用导入方式)的多份请柬,要求先将合并主文档以"请柬 1.docx"为文件名进行保存,再进行效果预览后生成可以单独编辑的单个文档"请柬 2.docx"。

2. 为召开云计算技术交流大会,小王需制作一批邀请函,要邀请的人员名单见"Word 人员名单.xlsx",邀请函的样式参见"邀请函参考样式.docx",如图 30-10 所示,大会定于

2013年10月19日至20日在武汉举行。

邀请函
尊敬的　：
　　×××大会是计算机科学与技术领域以及行业的一次盛会，也是一个中立和开放的交流合作平台，它将引领云计算行业人员对中国云计算产业作更多、更深入的思辨，积极推进国家信息化建设与发展。
　　本届大会将围绕云计算架构、大数据处理、云安全、云存储、云呼叫以及行业动态、人才培养等方面进行深入而广泛的交流。会议将为来自国内外高等院校、科研院所、企事单位的专家、教授、学者、工程师提供一个代表国内云计算技术及行业产、学、研最高水平的信息交流平台，分享有关方面的成果与经验，探讨相关领域所面临的问题与动态。
　　本届大会将于2013年10月19日至20日在武汉举行。鉴于您在相关领域的研究与成果，大会组委会特邀请您来交流、探讨。如果您有演讲的题目请于9月20日前将您的演讲题目和详细摘要通过电子邮件发给我们，没有演讲题目和详细摘要的我们将难以安排会议发言，敬请谅解。
　　×××大会诚邀您的光临！
　　×××大会组委会
　　2013年9月1日

图30-10　邀请函参考样式

请根据上述活动的描述，利用Microsoft Word制作一批邀请函，要求如下：

（1）修改标题"邀请函"文字的字体、字号，并设置为加粗、字的颜色为红色、黄色阴影、居中。

（2）设置正文各段落为1.25倍行距，段后间距为0.5倍行距。设置正文首行缩进2字符。

（3）落款和日期位置为右对齐右侧缩进3字符。

（4）将文档中"×××大会"替换为"云计算技术交流大会"。

（5）设置页面高度27厘米，页面宽度27厘米，页边距（上、下）为3厘米，页边距（左、右）为3厘米。

（6）将电子表格"Word人员名单.xlsx"中的姓名信息自动填写到"邀请函"中"尊敬的"三字后面，并根据性别信息，在姓名后添加"先生"（性别为男）、"女士"（性别为女）。

电子表格"Word人员名单.xlsx"内容如表30-1所示。

表30-1　Word人员名单

编号	姓名	单位	性别	编号	姓名	单位	性别
A001	陈松民	天津大学	男	A004	孙英	桂林电子学院	女
A002	钱永	武汉大学	男	A005	张文莉	浙江大学	女
A003	王立	西北工业大学	男	A006	黄宏	同济大学	男

（7）设置页面边框为红"★"。

（8）在正文第2段的第一句话"……进行深入而广泛的交流"后插入脚注"参见http://www.cloudcomputing.cn"网站。

（9）将设计的主文档以文件名"Word.docx"保存，并生成最终文档以文件名"邀请函.docx"保存。

实验 31　Excel 2010 案例综合练习

【实验目的】

1. 掌握 Excel 2010 的基本操作，学习利用 Excel 中的功能来实现对文档的操作和美化，用自己掌握的知识点完成各项参数设置；

2. 学会对 Excel 中文字的复制、剪切、删除和插入等操作的常用方法；

3. 掌握 Excel 的图表修改和编辑；

4. 熟练掌握 Excel 的格式化设置和函数添加的常用操作方法，掌握公式的用法。

【实验环境】

1. 中文版 Windows 7；

2. 中文 Excel 2010。

【实验案例】

案例：小李今年毕业后，在一家计算机图书销售公司担任市场部助理，主要的工作职责是为部门经理提供销售信息的分析和汇总。

表 31-1　销售订单明细表

				销售订单明细表				
订单编号	日期		书店名称	图书编号	图书名称	单价	销量（本）	小计
BTW-08001	2011年1月2日	鼎盛书店		BK-83021			12	
BTW-08002	2011年1月4日	博达书店		BK-83033			5	
BTW-08003	2011年1月4日	博达书店		BK-83034			41	
BTW-08004	2011年1月5日	博达书店		BK-83027			21	
BTW-08005	2011年1月9日	鼎盛书店		BK-83028			32	
BTW-08006	2011年1月9日	鼎盛书店		BK-83029			3	
BTW-08007	2011年1月9日	博达书店		BK-83030			1	
BTW-08008	2011年1月10日	鼎盛书店		BK-83031			3	
BTW-08009	2011年1月10日	博达书店		BK-83035			43	
BTW-08010	2011年1月11日	隆华书店		BK-83022			22	
BTW-08011	2011年1月11日	鼎盛书店		BK-83023			31	
BTW-08012	2011年1月12日	隆华书店		BK-83032			19	
BTW-08013	2011年1月12日	鼎盛书店		BK-83036			43	
BTW-08014	2011年1月13日	隆华书店		BK-83024			39	
BTW-08015	2011年1月15日	鼎盛书店		BK-83025			30	
BTW-08016	2011年1月16日	鼎盛书店		BK-83026			43	
BTW-08017	2011年1月16日	鼎盛书店		BK-83037			40	
BTW-08018	2011年1月17日	鼎盛书店		BK-83021			44	
BTW-08019	2011年1月18日	博达书店		BK-83033			33	
BTW-08020	2011年1月18日	博达书店		BK-83034			35	
BTW-08021	2011年1月22日	博达书店		BK-83027			22	
BTW-08022	2011年1月23日	隆华书店		BK-83028			38	
BTW-08023	2011年1月24日	隆华书店		BK-83029			5	

表 31-2　图书编号对照表

图书编号	图书名称	定价
BK-83021	《计算机基础及 MS Office 应用》	￥ 36.00
BK-83022	《计算机基础及 Photoshop 应用》	￥ 34.00

续 表

图书编号	图书名称	定价
BK-83023	《C 语言程序设计》	￥42.00
BK-83024	《VB 语言程序设计》	￥38.00
BK-83025	《Java 语言程序设计》	￥39.00
BK-83026	《Access 数据库程序设计》	￥41.00
BK-83027	《MySQL 数据库程序设计》	￥40.00
BK-83028	《MS Office 高级应用》	￥39.00
BK-83029	《网络技术》	￥43.00
BK-83030	《数据库技术》	￥41.00
BK-83031	《软件测试技术》	￥36.00
BK-83032	《信息安全技术》	￥39.00
BK-83033	《嵌入式系统开发技术》	￥44.00
BK-83034	《操作系统原理》	￥39.00
BK-83035	《计算机组成与接口》	￥40.00
BK-83036	《数据库原理》	￥37.00
BK-83037	《软件工程》	￥43.00

表 31-3　统计报告表

统计项目	销售额
所有订单的总销售金额	
《MS Office 高级应用》图书在 2012 年的总销售额	
隆华书店在 2011 年第 3 季度(7 月 1 日～9 月 30 日)的总销售额	
隆华书店在 2011 年的每月平均销售额(保留 2 位小数)	

请设计出以上表 31-1、表 31-2 和表 31-3,然后按照如下要求完成统计和分析工作:

(1) 请对"订单明细表"工作表进行格式调整,通过套用表格格式方法将所有的销售记录调整为一致的外观格式,并将"单价"列和"小计"列所包含的单元格调整为"会计专用"(人民币)数字格式。

(2) 根据图书编号,请在"订单明细表"工作表的"图书名称"列中,使用 VLOOKUP 函数完成图书名称的自动填充。"图书名称"和"图书编号"的对应关系在"编号对照"工作表中。

(3) 根据图书编号,请在"订单明细表"工作表的"单价"列中,使用 VLOOKUP 函数完成图书单价的自动填充。"单价"和"图书编号"的对应关系在"编号对照"工作表中。

(4) 在"订单明细表"工作表的"小计"列中,计算每笔订单的销售额。

(5) 根据"订单明细表"工作表中的销售数据,统计所有订单的总销售金额,并将其填写在"统计报告"工作表的 B3 单元格中。

(6) 根据"订单明细表"工作表中的销售数据,统计《MS Office 高级应用》图书在 2012 年的总销售额,并将其填写在"统计报告"工作表的 B4 单元格中。

(7) 根据"订单明细表"工作表中的销售数据,统计隆华书店在 2011 年第 3 季度的总销售额,并将其填写在"统计报告"工作表的 B5 单元格中。

(8)根据"订单明细表"工作表中的销售数据,统计隆华书店在 2011 年的每月平均销售额(保留 2 位小数),并将其填写在"统计报告"工作表的 B6 单元格中。

(9)保存"Excel.xlsx"文件。

操作步骤:

1.选中工作表中的 A2:H636→开始→套用表格格式(表样式浅色 10),如图 31-1 所示。

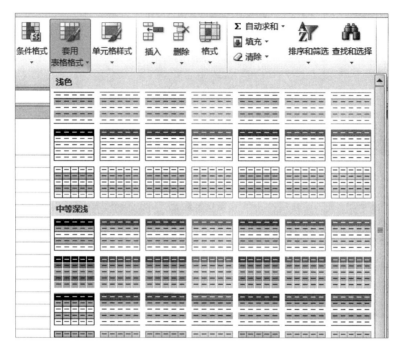

图 31-1　套用表格格式

2.选中"单价"列和"小计"列→右击鼠标→设置单元格格式→会计专用→小数,把小数位数设置为 2,货币符号选择￥,如图 31-2 所示。

图 31-2　设置"会计专用"对话框

3. 在"订单明细表"工作表的 E3 单元格中插入函数如图 31-3 所示,自动填充。

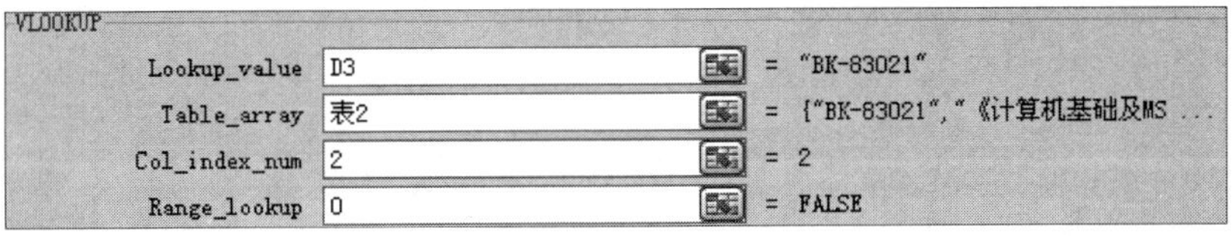

图 31-3　E3 单元格插入函数对话框

4. 在"订单明细表"工作表的 F3 单元格中插入函数如图 31-4 所示,自动填充。

图 31-4　F3 单元格插入函数对话框

5. H3 单元格中输入:=F3 * G3

6. 在"统计报告"工作表中的 B3 单元格输入"=SUM(订单明细表! H3:H636)",按 "Enter"键后完成销售额的自动填充。

7. 在"统计报告"工作表中的 B4 单元格插入 SUMIFS 函数如图 31-5 所示。

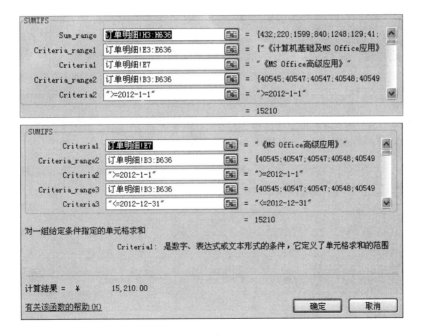

图 31-5　B4 单元格插入函数对话框

8. B5 单元格插入 SUMIFS 函数如图 31-6 所示。

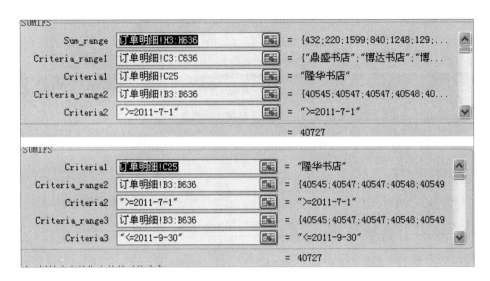

图 31-6 B5 单元格插入函数对话框

9. B5 单元格中输入：＝SUMIFS(订单明细！H3：H636,订单明细！C3：C636,订单明细！C25,订单明细！B3：B636,"＞＝2011-1-1",订单明细！B3：B636,"＜＝2011-12-31")/12。

【实验内容】

1. 小蒋是一位中学教师,在教务处负责初一年级学生的成绩管理。由于学校地处偏远地区,缺乏必要的教学设施,只有一台配置不太高的 PC 可以使用。他在这台电脑中安装了 Microsoft Office,决定通过 Excel 来管理学生成绩,以弥补学校缺少数据库管理系统的不足。现在,第一学期期末考试刚刚结束,小蒋将初一年级三个班的成绩均录入了文件名为"学生成绩单.xlsx"如图 31-7 所示的 Excel 工作簿文档中。

学号	姓名	班级	语文	数学	英语	生物	地理	历史	政治	总分	平均分
120305	包宏伟		91.5	89	94	92	91	86	86		
120203	陈万地		93	99	92	86	86	73	92		
120104	杜学江		102	116	113	78	88	86	73		
120301	符合		99	98	101	95	91	95	78		
120306	吉祥		101	94	99	90	87	95	93		
120206	李北大		100.5	103	104	88	89	78	90		
120302	李娜娜		78	95	94	82	90	93	84		
120204	刘康锋		95.5	92	96	84	95	91	92		
120201	刘鹏举		93.5	107	96	100	93	92	93		
120304	倪冬声		95	97	102	93	95	92	88		
120103	齐飞扬		95	85	99	98	92	92	88		
120105	苏解放		88	98	101	89	73	95	91		
120202	孙王敏		86	107	89	88	92	88	89		
120205	王清华		103.5	105	105	93	93	90	86		
120102	谢如康		110	95	98	99	93	93	92		
120303	闫朝霞		84	100	97	87	78	89	93		
120101	曾令煊		97.5	106	108	98	99	99	96		
120106	张桂花		90	111	116	72	95	93	95		

图 31-7 学生成绩单

请输入以上表格,根据要求完成。

(1) 对输入的工作表中的数据列表进行格式化操作:将第一列"学号"列设为文本,将所有成绩列设为保留两位小数的数值;适当加大行高列宽,改变字体、字号,设置对齐方式,增加适当的边框和底纹以使工作表更加美观。

(2)利用"条件格式"功能进行下列设置:将语文、数学、英语三科中不低于110分的成绩所在的单元格以一种颜色填充,其他四科中高于95分的成绩以另一种字体颜色标出,所用颜色深浅以不遮挡数据为宜。

(3)利用Sum和Average函数计算每一个学生的总分及平均成绩。

(4)学号第3、4位代表学生所在的班级,例如,"120105"代表12级1班5号。请通过函数提取每个学生所在的班级并按下列对应关系填写在"班级"列中:

"学号"的3、4位	对应班级
01	1班
02	2班
03	3班

(5)复制工作表"第一学期期末成绩",将副本放置到原表之后;改变该副本表标签的颜色,并重新命名,新表名需包含"分类汇总"字样。

(6)通过分类汇总功能求出每个班各科的平均成绩,并将每组结果分页显示。

(7)以分类汇总结果为基础,创建一个簇状柱形图,对每个班各科平均成绩进行比较,并将该图表放置在一个名为"柱状分析图"新工作表中。

2. 输入以下内容,如图31-8、图31-9、图31-10和图31-11所示,按照要求完成下列操作并以文件名(Excel.xlsx)保存工作簿。

产品类别代码	产品型号	单价(元)
A1	P-01	1654
A1	P-02	786
A1	P-03	4345
A1	P-04	2143
A1	P-05	849
B3	T-01	619
B3	T-02	598
B3	T-03	928
B3	T-04	769
B3	T-05	178
B3	T-06	1452
B3	T-07	625
B3	T-08	3786
A2	U-01	914
A2	U-02	1208
A2	U-03	870
A2	U-04	349
A2	U-05	329
A2	U-06	489
A2	U-07	1282

图31-8 产品信息表

产品类别代码	产品型号	一季度销售量	一季度销售额(元)
A1	P-01	231	
A1	P-02	78	
A1	P-03	231	
A1	P-04	166	
A1	P-05	125	
B3	T-01	97	
B3	T-02	89	
B3	T-03	69	
B3	T-04	95	
B3	T-05	165	
B3	T-06	121	
B3	T-07	165	
B3	T-08	86	
A2	U-01	156	
A2	U-02	123	
A2	U-03	93	
A2	U-04	156	
A2	U-05	149	
A2	U-06	129	
A2	U-07	176	

图31-9 一季度销售情况表

某公司拟对其产品季度销售情况进行统计,打开"Excel.xlsx"文件,按以下要求操作:

(1)分别在"一季度销售情况表""二季度销售情况表"工作表内,计算"一季度销售额"列和"二季度销售额"列内容,均为数值型,保留小数点后0位。

(2)在"产品销售汇总图表"内,计算"一二季度销售总量"和"一二季度销售总额"列内容,数值型,保留小数点后0位;在不改变原有数据顺序的情况下,按一二季度销售总额给出销售额排名。

(3)选择"产品销售汇总图表"内A1:E21单元格区域内容,建立数据透视表,行标签为产品型号,列标签为产品类别代码,求和计算一二季度销售额的总计,将表置于现工作表 G1 为起点的单元格区域内。

产品类别代码	产品型号	二季度销售量	二季度销售额（元）
A1	P-01	156	
A1	P-02	93	
A1	P-03	221	
A1	P-04	198	
A1	P-05	134	
B3	T-01	119	
B3	T-02	115	
B3	T-03	78	
B3	T-04	129	
B3	T-05	145	
B3	T-06	89	
B3	T-07	176	
B3	T-08	109	
A2	U-01	211	
A2	U-02	134	
A2	U-03	99	
A2	U-04	165	
A2	U-05	201	
A2	U-06	131	
A2	U-07	186	

图 31-10 二季度销售情况表

产品类别代码	产品型号	一二季度销售总量	一二季度销售总额	销售额排名
A1	P-01			
A1	P-02			
A1	P-03			
A1	P-04			
A1	P-05			
B3	T-01			
B3	T-02			
B3	T-03			
B3	T-04			
B3	T-05			
B3	T-06			
B3	T-07			
B3	T-08			
A2	U-01			
A2	U-02			
A2	U-03			
A2	U-04			
A2	U-05			
A2	U-06			
A2	U-07			

图 31-11 产品销售汇总图表

实验 32　PowerPoint 2010 案例综合练习

【实验目的】

1. 掌握 PowerPoint 2010 的基本操作,学习利用 PowerPoint 中的功能来实现对幻灯片的操作和美化,用自己掌握的知识点完成各项参数设置;

2. 学会对 PowerPoint 中文字的复制、剪切、删除和插入等操作的常用方法;

3. 掌握 PowerPoint 的水印修改和编辑;

4. 熟练掌握 PowerPoint 的格式化设置和幻灯片添加的常用操作方法,掌握 SmartArt 图形的用法。

【实验环境】

1. 中文版 Windows 7;

2. 中文 PowerPoint 2010。

【实验案例】

案例 1:文慧是新东方学校的人力资源培训讲师,负责对新入职的教师进行入职培训,其 PowerPoint 演示文稿的制作水平广受好评。最近,她应北京节水展馆的邀请,为展馆制作一份宣传水知识及节水工作重要性的演示文稿。

节水展馆提供的文字资料及素材参见图 32-1 所示。

一、水的知识
1、水资源概述
目前世界水资源达到 13.8 亿立方千米,但人类生活所需的淡水资源却只占 2.53%,约为 0.35 亿立方千米。我国水资源总量位居世界第六,但人均水资源占有量仅为 2200 立方米,为世界人均水资源占有量的 1/4。
2、水的特性
水是氢氧化合物,其分子式为 H₂O。
水的表面有张力、水有导电性、水可以形成虹吸现象。
3、自来水的由来
自来水不是自来的,它是经过一系列水处理净化过程生产出来的。
二、水的应用
1、日常生活用水
做饭喝水、洗衣洗菜、洗浴冲厕
2、水的利用
水冷空调、水与减震、音乐水雾、水利发电、雨水利用、再生水利用
3、海水淡化
海水淡化技术主要有:蒸馏、电渗析、反渗透。
三、节水工作
1、节水技术标准
北京市目前实施了五大类 68 项节水相关技术标准。其中包括:用水器具、设备、产品标准;水质标准;工业用水标准;建筑给水排水标准、灌溉用水标准等。
2、节水器具
使用节水器具是节水工作的重要环节,生活中节水器具主要包括:水龙头、便器及配套系统、沐浴器、冲洗阀等。
3、北京五种节水模式
分别是:管理型节水模式、工程型节水模式、科技型节水模式、公众参与型节水模式、循环利用型节水模式。

图 32-1　节水展馆提供的文字资料

制作要求如下：

1. 标题页包含演示主题、制作单位(北京节水展馆)和日期(××××年×月×日)

2. 演示文稿须指定一个主题，幻灯片不少于 5 页，且版式不少于 3 种。

3. 演示文稿中除文字外要有 2 张以上的图片，并有 2 个以上的超链接进行幻灯片之间的跳转。

4. 动画效果要丰富，幻灯片切换效果要多样。

5. 演示文稿播放的全程需要有背景音乐。

6. 将制作完成的演示文稿以"水资源利用与节水.pptx"为文件名进行保存。

操作步骤：

(1)【步骤】

步骤 1：启动 PowerPoint 2010，系统自动创建新演示文稿，默认命名为"演示文稿 1"。

步骤 2：保存未命名的演示文稿。单击"文件"选项卡→"保存"命令，在弹出的对话框中，在"保存位置"处选择准备存放文件的文件夹，在"文件名"文本框中输入文件名"水资源利用与节水.pptx"，单击"保存"按钮。

步骤 3：当前的第 1 张幻灯片的板式是标题幻灯片。在标题处输入标题"水知识及节水工作"，在副标题处输入制作单位(北京节水展馆)和日期(××××年×月×日)。

步骤 4：单击"插入"选项卡→"媒体"组→"音频"按钮，弹出"插入音频"对话框，选中任意声音文件，单击"插入"按钮，即把音频插入到当前幻灯片中，如图 32-2 所示。

图 32-2 "插入音频"选择对话框

步骤 5：单击"切换"选项卡→"切换到此幻灯片"组的 按钮，打开内置的"切换效果"列表框，在该列表框中选择切换效果，此时就能预览到切换效果；然后单击"全部应用"按钮，如图 32-3 所示，就把选择的切换效果应用到所有的幻灯片。

(2)【步骤】

步骤 1：插入第 2 张幻灯片。单击"开始"选项卡→"幻灯片"组→"新建幻灯片"命令，在弹出的 Office 主题中选择"标题和内容"。

步骤 2：在当前第 2 张幻灯片的标题处输入"水知识及节水工作"，在添加文本处输入正文"水的知识，水的应用，节水工作"。

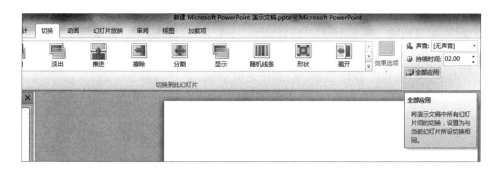

图 32-3　选择"全部应用"工具

（3）【步骤】

步骤1：插入第3张幻灯片。单击"开始"选项卡→"幻灯片"组→"新建幻灯片"命令，在弹出的Office主题中选择"标题和内容"。

步骤2：在当前第3张幻灯片的标题处输入"水资源概述"，在添加文本处输入正文"目前世界水资源……净化过程生产出来的。"。

（4）【步骤】

步骤1：插入第4张幻灯片。单击"开始"选项卡→"幻灯片"组→"新建幻灯片"命令，在弹出的Office主题中选择"两栏内容"。

步骤2：在当前第4张幻灯片的标题处输入"水的应用"，在左侧添加文本处输入正文"日常生活用水……电渗析、反渗透"，在右侧添加文本处添加任意剪贴画。

步骤3：首先选中添加的剪贴画，然后单击"动画"选项卡→"动画"组→"添加动画"按钮，就打开了内置的动画列表，在列表中选择某一动画，就为剪贴画设置了动画效果；也可以在列表中单击"更多进入效果"命令，然后在"添加进入效果"对话框中选择也可以，如图32-4和图32-5所示。

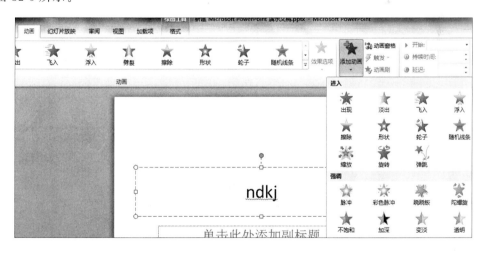

图 32-4　"添加动画"工具

（5）【步骤】

步骤1：插入第5张幻灯片。单击"开始"选项卡→"幻灯片"组→"新建幻灯片"命令，在弹出的 Office 主题中选择"内容和标题"。

步骤 2：在当前第 5 张幻灯片的标题处输入"节水工作"，在左侧添加文本处输入正文"节水技术标准...循环利用型节水模式"，在右侧添加文本处添加任意剪贴画。

步骤 3：首先选中添加的剪贴画，然后单击"动画"选项卡→"动画"组→"添加动画"按钮，就打开了内置的动画列表。在列表中选择某一动画，就为剪贴画设置了动画效果；也可以在列表中单击"更多进入效果"命令，然后在"添加进入效果"对话框中选择也可以。

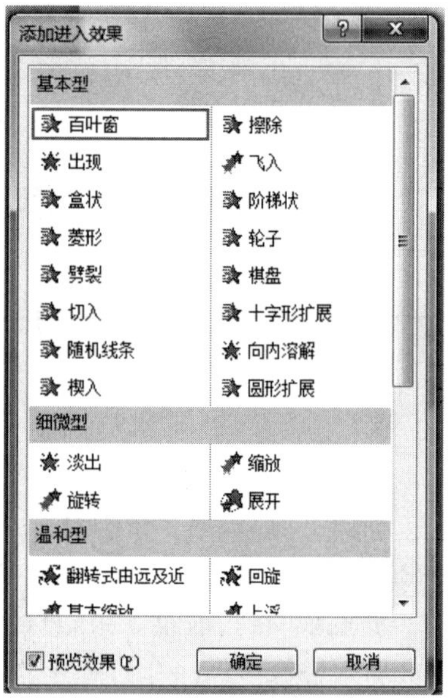

（6）【步骤】

步骤 1：插入第 6 张幻灯片。单击"开始"选项卡→"幻灯片"组→"新建幻灯片"命令，在弹出的 Office 主题中选择"标题幻灯片"。

步骤 2：在当前第 6 张幻灯片的标题处输入"谢谢大家！"

（7）【步骤】

图 32-5 "添加进入效果"选择对话框

步骤 1：选中第 2 张幻灯片的文字"水的知识"。单击"插入"选项卡→"链接"组→"超链接"按钮，弹出"插入超链接"对话框，在该对话框中的"链接到"中选择"本文档中的位置"，在"请选择文档中的位置"中选择"下一张幻灯片"，如图32-6 所示。

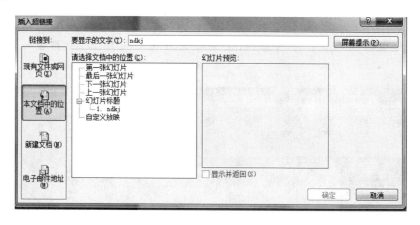

图 32-6 "插入超链接"选择对话框

步骤 2：选中第 2 张幻灯片的文字"水的应用"。单击"插入"选项卡→"链接"组→"超链接"按钮，弹出"插入超链接"对话框，在该对话框中的"链接到"中选择"本文档中的位置"，在"请选择文档中的位置"中选择"幻灯片 4"。

步骤 3：选中第 2 张幻灯片的文字"节水工作"。单击"插入"选项卡→"链接"组→"超链接"按钮，弹出"插入超链接"对话框，在该对话框中的"链接到"中选择"本文档中的位置"，在"请选择文档中的位置"中选择"幻灯片 5"。

步骤 4：单击"保存"按钮，保存文件。

【实验内容】

1. 按照要求完成以下内容,如图 32-7 所示,请按照以下截图做好一个 PPT,然后按照要求设置。

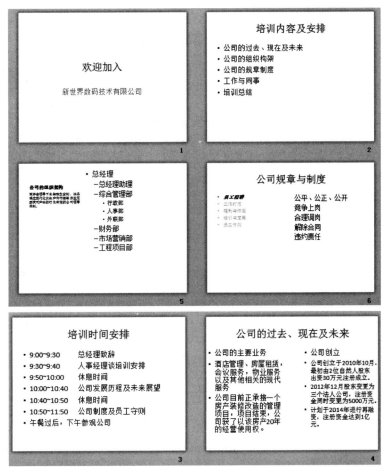

图 32-7 PPT 内容

文君是新世界数码技术有限公司的人事专员,十一过后,公司招聘了一批新员工,需要对他们进行入职培训。请打开制作好的 PPT 进行美化,要求如下:

(1)将第 2 张幻灯片版式设为"标题和竖排文字",将第 4 张幻灯片的版式设为"比较";为整个演示文稿指定一个恰当的设计主题。

(2)通过幻灯片母版为每张幻灯片增加利用艺术字制作的水印效果,水印文字中应包含"新世界数码"字样,并旋转一定的角度。

(3)根据第 5 张幻灯片右侧的文字内容创建一个组织结构图,如图 32-8 所示,其中总经理助理为助理级别,结果应类似图中所示,并为该组织结构图添加任一动画效果。

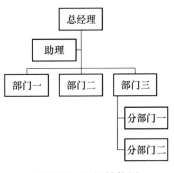

图 32-8 组织结构图

（4）为第 6 张幻灯片左侧的文字"员工守则"加入超链接，链接到 Word 文件"员工守则.docx"，内容如图 32-9 所示，并为该张幻灯片添加适当的动画效果。

员工守则

第一章 总 则

1、本手册是公司全体员工在实施公司经营目标过程中的指导规范和行为准则。

2、

第二章 员工守则

1、遵守国家法律、法规，遵守公司的各项规章制度及所属部门的管理实施细则。

2、热爱公司，热爱本职工作，关心并积极参与公司的各项管理。

3、

第三章 人事管理制度

一、招聘

1、各运营中心或总公司直属部门需招聘员工时，应填写《招聘申请单》，经各运营中心人力资源部、区域总监批准后上报总公司人力资源部存档，交各运营中心人力资源部自行招聘。

2、人力资源部根据区域总监批准后具体负责实施招聘工作。

图 32-9 Word 文档"员工守则"

（5）为演示文稿设置不少于 3 种的幻灯片切换方式。

2．某公司新员工入职，需要对他们进行入职培训。为此，人事部门负责此事的小吴制作了一份入职培训的演示文稿。但人事部经理看过之后，觉得文稿整体做得不够精美，还需要再美化一下。请根据以下如图 32-10 所示内容完成 PPT。

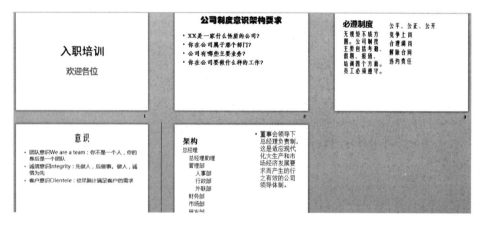

图 32-10 上机练习 PPT 内容

对制作好的 PPT 进行美化，具体要求如下所示：

（1）将第 1 张幻灯片设为"节标题"，并在第 1 张幻灯片中插入一幅人物剪贴画。

（2）为整个演示文稿指定一个恰当的设计主题。

（3）为第2张幻灯片上面的文字"公司制度意识架构要求"加入超链接，链接到 Word 文件"公司制度意识架构要求.docx"，如图 32-11 所示。

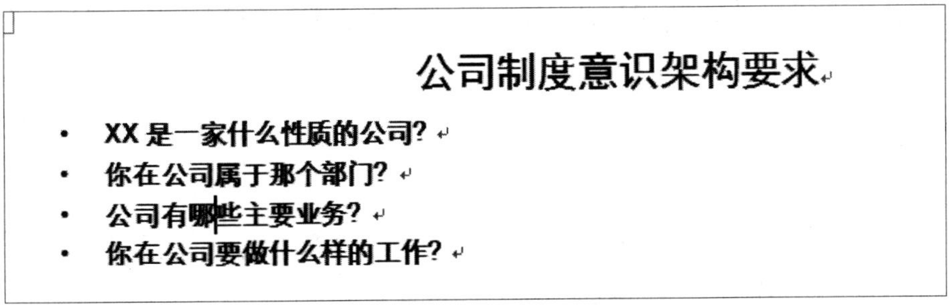

公司制度意识架构要求

- **XX 是一家什么性质的公司？**
- **你在公司属于那个部门？**
- **公司有哪些主要业务？**
- **你在公司要做什么样的工作？**

图 32-11 "公司制度意识架构要求"内容

（4）在该演示文稿中创建一个演示方案，该演示方案包含第 1、3、4 张幻灯片，并将该演示方案命名为"放映方案 1"。

（5）为演示文稿设置不少于 3 种幻灯片切换方式。

（6）将制作完成的演示文稿以"入职培训.pptx"为文件名进行保存。

全国计算机等级考试一级 MS Office 考试大纲

◆基本要求

1. 具有微型计算机的基础知识(包括计算机病毒的防治常识)。

2. 了解微型计算机系统的组成和各部分的功能。

3. 了解操作系统的基本功能和作用,掌握 Windows 的基本操作和应用。

4. 了解文字处理的基本知识,熟练掌握文字处理 MS Word 的基本操作和应用,熟练掌握一种汉字(键盘)输入方法。

5. 了解电子表格软件的基本知识,掌握电子表格软件 Excel 的基本操作和应用。

6. 了解多媒体演示软件的基本知识,掌握演示文稿制作软件 PowerPoint 的基本操作和应用。

7. 了解计算机网络的基本概念和因特网(Internet)的初步知识,掌握 IE 浏览器软件和 Outlook Express 软件的基本操作和使用。

◆考试内容

一、计算机基础知识

1. 计算机的发展、类型及其应用领域。

2. 计算机中数据的表示、存储与处理。

3. 多媒体技术的概念与应用。

4. 计算机病毒的概念、特征、分类与防治。

5. 计算机网络的概念、组成和分类;计算机与网络信息安全的概念和防控。

6. 因特网网络服务的概念、原理和应用。

二、操作系统的功能和使用

1. 计算机软、硬件系统的组成及主要技术指标。

2. 操作系统的基本概念、功能、组成及分类。

3. Windows 操作系统的基本概念和常用术语,文件、文件夹、库等。

4. Windows 操作系统的基本操作和应用:

(1)桌面外观的设置,基本的网络配置。

(2)熟练掌握资源管理器的操作与应用。

(3)掌握文件、磁盘、显示属性的查看、设置等操作。

(4)中文输入法的安装、删除和选用。

(5)掌握检索文件、查询程序的方法。

(6)了解软、硬件的基本系统工具。

三、文字处理软件的功能和使用

1．Word的基本概念；Word的基本功能和运行环境；Word的启动和退出。

2．文档的创建、打开、输入、保存等基本操作。

3．文本的选定、插入与删除、复制与移动、查找与替换等基本编辑技术；多窗口和多文档的编辑。

4．字体格式设置、段落格式设置、文档页面设置、文档背景设置和文档分栏等基本排版技术。

5．表格的创建、修改；表格的修饰；表格中数据的输入与编辑；数据的排序和计算。

6．图形和图片的插入；图形的建立和编辑；文本框、艺术字的使用和编辑。

7．文档的保护和打印。

四、电子表格软件的功能和使用

1．电子表格的基本概念，Excel的基本功能、运行环境、启动和退出。

2．工作簿和工作表的基本概念和基本操作，工作簿和工作表的建立、保存和退出；数据输入和编辑；工作表和单元格的选定、插入、删除、复制、移动；工作表的重命名和工作表窗口的拆分和冻结。

3．工作表的格式化，包括设置单元格格式、设置列宽和行高、设置条件格式、使用样式、自动套用模式和使用模板等。

4．单元格绝对地址和相对地址的概念，工作表中公式的输入和复制，常用函数的使用。

5．图表的建立、编辑和修改以及修饰。

6．数据清单的概念，数据清单的建立，数据清单内容的排序、筛选、分类汇总，数据合并，数据透视表的建立。

7．工作表的页面设置、打印预览和打印，工作表中链接的建立。

8．保护和隐藏工作簿和工作表。

五、PowerPoint 的功能和使用

1．中文 PowerPoint 的功能、运行环境、启动和退出。

2．演示文稿的创建、打开、关闭和保存。

3．演示文稿视图的使用，幻灯片基本操作（版式、插入、移动、复制和删除）。

4．幻灯片基本制作（文本、图片、艺术字、形状、表格等插入及其格式化）。

5．演示文稿主题选用与幻灯片背景设置。

6．演示文稿放映设计（动画设计、放映方式、切换效果）。

7．演示文稿的打包和打印。

六、因特网(Internet)的初步知识和应用

1．了解计算机网络的基本概念和因特网的基础知识，主要包括网络硬件和软件，TCP/IP协议的工作原理，以及网络应用中常见的概念，如域名、IP地址、DNS服务等。

2．能够熟练掌握浏览器、电子邮件的使用和操作。

一、选择题（每小题 1 分，共 20 分）

请在"答题"菜单上选择"选择题"命令，启动选择题测试程序，按照题目上的内容进行答题。

(1) 下列不能用作存储器容量单位的是_____。

A）KB   B）MB   C）Bytes   D）Hz

(2) 十进制数 65 对应的二进制数是_____。

A）1100001   B）1000001   C）1000011   D）1000010

(3) 能将计算机运行结果以可见的方式向用户展示的部件是_____。

A）存储器   B）控制器   C）输入设备   D）输出设备

(4) 目前，在计算机中全球都采用的符号编码是_____。

A）ASCII 码   B）GB2312-80   C）汉字编码   D）英文字母

(5) 汉字输入法中的自然码输入法称为_____。

A）形码   B）音码   C）音形码   D）以上都不是

(6) 下列叙述中，错误的一条是_____。

A）计算机的合适工作温度在 15℃～35℃

B）计算机要求的相对湿度不能超过 80%，但对相对湿度的下限无要求

C）计算机应避免强磁场的干扰

D）计算机使用过程中特别注意：不要随意突然断电关机

(7) 二进制数 1000100 对应的十进制数是_____。

A）63   B）68   C）64   D）66

(8) 下列四条叙述中，正确的一条是_____。

A）字节通常用英文字母"bit"来表示

B）目前广泛使用的 Pentium 机其字长为 5 字节

C）计算机存储器中将 8 个相邻的二进制位作为一个单位，这种单位称为字节

D）微型计算机的字长并不一定是字节的倍数

(9) 如某台计算机的型号是 486/25，其中 25 的含义是_____。

A）该微机的内存为 25MB   B）CPU 中有 25 个寄存器

C）CPU 中有 25 个运算器   D）时钟频率为 25MHz

(10) 下列两个二进制数进行算术运算，11101＋10011＝_____。

A）100101   B）100111   C）110000   D）110010

(11) 运用"助记符"来表示机器中各种不同指令的符号语言是_____。

A）机器语言   B）汇编语言   C）C 语言   D）BASIC 语言

(12) 软件系统中，具有管理软、硬件资源功能的是_____。

A）程序设计语言　　B）字处理软件　　　C）操作系统　　　　D）应用软件

(13）容量为 640KB 的存储设备,最多可存储_____个西文字符。

A）655360　　　　　B）655330　　　　C）600360　　　　D）640000

(14）下列关于高级语言的说法中,错误的是_____。

A）通用性强　　　　　　　　　　B）依赖于计算机硬件

C）要通过翻译后才能被执行　　　　D）BASIC 语言是一种高级语言

(15）多媒体信息在计算机中的存储形式是_____。

A）二进制数字信息　　　　　　　B）十进制数字信息

C）文本信息　　　　　　　　　　D）模拟信号

(16）下列关于计算机系统硬件的说法中,正确的是_____。

A）键盘是计算机输入数据的唯一手段

B）显示器和打印机都是输出设备

C）计算机硬件由中央处理器和存储器组成

D）内存可以长期保存信息

(17）主要在网络上传播的病毒是_____。

A）文件型　　　　　B）引导型　　　　C）网络型　　　　D）复合型

(18）若出现_____现象时,应首先考虑计算机是否感染了病毒。

A）不能读取光盘　　　　　　　　B）启动时报告硬件问题

C）程序运行速度明显变慢　　　　D）软盘插不进驱动器

(19）下列关于总线的说法,错误的是_____。

A）总线是系统部件之间传递信息的公共通道

B）总线有许多标准,如 ISA、AGP 总线等

C）内部总线分为数据总线、地址总线、控制总线

D）总线体现在硬件上就是计算机主板

(20）下列关于网络协议说法正确的是_____。

A）网络使用者之间的口头协定

B）通信协议是通信双方共同遵守的规则或约定

C）所有网络都采用相同的通信协议

D）两台计算机如果不使用同一种语言,则它们之间就不能通信

二、汉字录入（10 分）

请在"答题"菜单上选择"汉字录入"菜单项,启动汉字录入测试程序,按照题目上的内容输入汉字。

1946 年 2 月 15 日,第一台电子计算机 ENIAC 在美国宾夕法尼亚大学诞生了。它是为计算弹道和射击表而设计的,主要元件是电子管,每秒钟能完成 5 000 次加法、300 多次乘法运算,比当时最快的计算工具快 300 倍。该机器使用了 1 500 个继电器,18 800 个电子管,占地 170 平方米,重 30 多吨,耗电 150 千瓦,耗资 40 万美元,真可谓"庞然大物"。用 ENIAC 计算题目时,首先工作人员要根据题目的计算步骤预先编好一条条指令。

三、Windows 的基本操作(10 分)

Windows 基本操作题,不限制操作的方式。

＊＊＊＊＊＊＊本题型共有 5 小题＊＊＊＊＊＊＊

(1) 将考生文件夹下 Tree. bmp 文件复制到考生文件夹下 GREEN 文件夹中。

(2) 在考生文件夹下创建名为 File 的文件夹。

(3) 将考生文件夹下 Open 文件夹中的文件 Sound. avi 移动到考生文件夹下 GOOD 文件夹中。

(4) 将考生文件夹下 Add 文件夹中的文件 Low. txt 删除。

(5) 为考生文件夹下 LIGHT 文件夹中的 MAY. bmp 文件建立名为 MAY 的快捷方式,并存放在考生文件夹中。

四、Word 操作题(25 分)

请在"答题"菜单上选择,"字处理"命令,然后按照题目要求再打开相应的命令,完成下面的内容。具体要求如下:

＊＊＊＊＊＊本套题共有 5 小题＊＊＊＊＊＊

1. 在考生文件夹下打开文档 15A. doc,其内容如下:

【文档开始】

听说,旅顺到现在仍然是不对外国人开放的,因为这里有军港。因此,在大连处处都能看到的外国人,在这里却没有丝毫踪迹。

旅顺的旅游景点,几乎全部和战争有关,从甲午战争到日俄战争,从日俄战争到抗日战争,再从抗日战争到抗美援朝。这其中的每一次战争都关系着中国的国运,前两次把中国带入了黑暗的半殖民地半封建社会,而后两次则充分显示了中国人民的伟大和英勇。他们用手中的武器,赶走侵略者,捍卫了祖国的尊严,保卫了祖国的和平。(今天仍有人怀疑中国出兵朝鲜的合适与否,他们认为这是在别国的领土上的一场和我国无关的战争,徒然给无数中国家庭造成痛苦。由于职业的原因我曾对军事战略学略有涉猎,所以我知道"张略总身"这个概念,也知道如果美军占领朝鲜,便可直接威胁我国领土。身边躺着一只随时会跳起来噬人的老虎,这种滋味不好受吧?)

【文档结束】

按要求完成以下操作并原名保存:

(1) 将文中所有错词"张略总身"替换为"战略纵深",将第一段文字设为四号、加粗、红色,倾斜。

(2) 将第二段文字设置为空心字,字体效果设为阴文效果;段落行距 2 倍行距,悬挂缩进 2 字符,段后间距 2 行。

(3) 将全文对齐方式设为右对齐,纸张大小设为自定义,高为 27.9 厘米,宽为 18.8 厘米,并以原文件名保存文档。

2. 在考生文件夹下打开文档 15B. doc,其内容如下:

【文档开始】

地区	一月	二月	三月	合计
南部	8	7	9	24

东部	7	7	5	19
西部	6	4	7	17

【文档结束】

按要求完成以下操作并原名保存：

（1）将文中最后4行文字转换为一个4行5列的表格，再将表格的文字设为黑体、倾斜、红色。

（2）将表格的第一列的单元格设置成黄色底纹；再将表格内容按"合计"列升序进行排序，并以原文件名保存文档。

五、Excel 操作题（15 分）

请在"答题"菜单下选择"电子表格"菜单项，然后按照题目要求再打开相应的命令，完成下面的内容。具体要求如下：

考生文件夹中有名为 EX2.xls 的 Excel 工作表如下：

按要求对此工作表完成如下操作并原名保存：

（1）将 A1:F5 区域中的字体设置为黑体、蓝色。

（2）设置工作表文字、数据水平对齐方式为居中，垂直对齐方式为靠下。

（3）用 AVERAGE()公式计算"平时平均"行的内容。

（4）以"平时平均"为关键字降序排序。

（5）对平时平均的内容进行自动筛选，条件为"平时平均大于 75 并且小于 90"。

六、PowerPoint 操作题（10 分）

请在"答题"菜单下选择"演示文稿"菜单项，然后按照题目要求再打开相应的命令，完成下面的内容。具体要求如下：

打开考生文件夹下的演示文稿 PP2.ppt，按要求完成此操作并保存：

（1）插入一张幻灯片，版式为"只有标题"，输入标题"保护动物人人有责"，设置字体为楷体，加下划线；动画效果为"从左侧切入"。

（2）幻灯片的切换效果设置成"阶梯状向右下展开"。

七、互联网操作题（10 分）

请在"答题"菜单上选择相应的命令，完成下面的内容：

某模拟网站的主页地址是：http://localhost/index.htm，打开此主页，浏览"科技知识"页面，查找"科技产品"页面的内容并将它以文本文件的格式保存到考生文件夹下，命名为 KJCP.txt。

参 考 文 献

[1] 俞俊甫. 计算机应用基础教程上机指导. 北京:北京邮电大学出版社,2009.

[2] 梅毅. 计算机应用基础实验上机指导. 2 版. 北京:北京邮电大学出版社,2012.

[3] 教育部考试中心. (2015 年版)全国计算机等级考试二级教程:MS Office 高级应用. 北京:高等教育出版社,2014.

[4] 李建军. 计算机应用基础实验指导与习题集(Windows7＋Office2010). 北京:中国水利水电出版社,2013.

[5] 甘岚. 计算机科学技术导论习题与实验指导. 北京:北京邮电大学出版社,2008.

[6] 安世虎. 计算机应用基础教程(Windows7＋Office2010). 北京:清华大学出版社,2015.

[7] 赵吉兴. 计算机应用基础项目化教程(Windows7＋Office2010＋Photoshop CS5). 山东:中国石油大学出版社,2013.

[8] 李华贵. 计算机应用基础实验指导(Windows 7＋Office 2010). 3 版. 北京:电子工业出版社,2014.

[9] 谢希仁. 计算机网络简明教程. 2 版. 北京:电子工业出版社,2011.

[10] 安世虎. 计算机应用基础教程(Windows 7＋ Office 2010)学习与实验指导. 北京:清华大学出版社,2008.